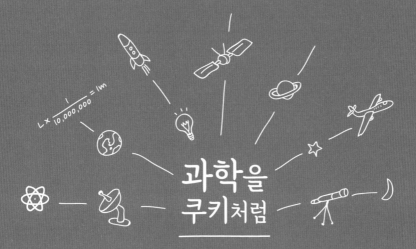

과학을
쿠키처럼

한입에 쏙 들어가는 물리학

과학을 쿠키처럼

이효종 글·그림

청어람e)))

차례

들어가며 | '과학을 쿠키처럼'이란?

저는 현재 유튜브(YouTube) '과학쿠키' 채널을 통해 '과학 커뮤니 케이터'로 활동하고 있는 1인 크리에이터입니다. '과학', 그중에서도 '물 리학'의 역사를 개괄하는 콘텐츠로 독자 앞에 첫발을 내디뎠습니다. 이후에는 과목별로 구분 지어 가르치는 우리나라의 과학교육 과정에 서 쉽사리 놓치기 쉬운 과목별 과학과 과학 사이의 연결고리를 이어 주는 콘텐츠를 기획, 제작하고 있습니다. 특히, 자칫하면 '수학'으로 착 각하기 쉬운 '물리학'의 본질을 전달하기 위해 과학자들이 실제로 행했 던 과학적 방법의 맥락을 콘텐츠로 제작했습니다. 이를 바탕으로 과거 에 행해진 과학적 사고법에 대한 공감과 통찰을 이끌 수 있도록 유도 하는 것에 초점을 두고 있습니다.

예를 들어, 우리 삶 속의 패턴을 여실히 보여줄 만큼 일상과 아주 긴밀하게 연결된 '미분과 적분'이라는 사고의 탄생과, 뉴턴의 대발견인 '만유인력'이 어떻게 연결되는지를 찬찬히 살펴봅니다. 나아가 '만유인 력'이 진짜 설명하고 싶었던 본질이 무엇인지를 당시의 시대적 맥락과 환경을 바탕으로 풀어냈습니다. 여기에선 '뉴턴 3법칙'의 단순 나열은 잠시 접어두고, 뉴턴 스스로가 물체의 운동을 어떻게 사색했는지를 공감할 수 있도록 이야기를 구성했습니다. 이 외에도 패러데이가 발견해낸 전류와 자기장의 관계가 현대 전기 문명에 어떠한 영향을 미쳤는지, 또 그의 예견이 어떻게 수학적으로 구현될 수 있었는지에 관한 이야기를 함께 나눕니다. 눈에 보이지 않는 아주 작은 세계인 양자 세계와, 그 세계들이 수없이 뭉쳐 만들어낸 장엄한 우주에 관한 이야기를 과학자들의 사고 과정에 따라 들려주고자 노력했습니다.

과학쿠키는 이러한 '기초 과학'을 완성시킨 과학자들의 감정과 노력, 즐거움과 감동을 누구나 함께 공감할 수 있는 콘텐츠의 형태로 제작하기 위해 노력하고 있습니다.

이미 공영방송의 정보 생산력을 한참 뛰어넘은 플랫폼 '유튜브'는 새로운 시대의 미디어로서 막대한 영향력을 지닌 커다란 문화의 장이 되었습니다. 남녀노소를 불문한 이들이 이제는 정치, 경제, 사회, 문화에 관한 다양한 지식을 유튜브를 통해 소비하고 있습니다. 이러한 문화적 배경 때문에 유튜브에 동영상 콘텐츠를 제작해서 올리는 '크리에이터(Creator)'라는 용어가 이제 그다지 낯설지 않게 되었습니다.

하지만 여타 분야의 크리에이터에 비해 '과학'을 다루는 크리에이터는 두 손으로 꼽을 수 있을 만큼 많지 않습니다. 그만큼 '과학'이라는 콘텐츠에 대해 거부감, 거리감, 일상에서 즐길 수 없는 대상으로서의 이질감 등의 이미지로 떠올리는 듯합니다. 이는 일반인들이 과학을 바라보는 시선이기도 합니다. 하물며 현재 과학으로 커뮤니케이팅을 하는 저조차도 대학 입시를 위해 과학을 공부했을 당시에는 그렇게 생각했었으니까요. 그나마 저는 어렸을 때부터 과학을 나름 좋아하던 학생이었던 터라 산과 염기의 반응, 개구리의 탄생 과정, 암석의 생성 과정이나 기후의 변화 등 그다지 남들이 재밌어하지 않을 법한 과학의 전반적인 요소들을 편식하지 않고 골고루 소화했습니다.

하지만 그런 저도 '물리'만큼은 죽도록 싫어했습니다. 그래서 결국엔 교과서 속 물리 공식이 적용된 유형별 문제를 반복해서 많이 풀면서 소위 정답을 찾는 '감각' 기르기 연습만 했습니다. 이렇게 문제를 푸는 요령'만' 익히길 요구하는 '입시 위주'의 학습은 더더욱 물리를 싫어하게 만드는 요인으로 작용했습니다. 그러다 보니 '대체 물리는 뭐야? 과학 맞아?'라는 생각이 떠오르기 일쑤였지요.

그러다 정말 우연한 계기로 천문학의 발달 과정에 대한 칼 세이건 (Carl Sagan)의 강연을 듣게 되면서 물리에 관한 제 생각이 완전히 바뀌게 되었습니다. 우리가 익히 이름을 알고 있는 철학자와 과학자들은 수없이 많은 논쟁을 거쳐 지금의 이론을 완성했습니다. 천체의 움직임에 관한 궁금증에서부터 시작해, 이 세상 모든 물체의 움직임이 왜, 그리고 어떻게 일어나는지를 각기 그들이 속한 역사와 정치, 문화적 맥락에서 어떻게든 해결하고자 열띤 논쟁을 거쳤습니다. 이렇게 새로운 이론들이 등장하고 폐기되는 반복 속에서도, 결국 단 하나의 원리를 이용해 천문학의 발달 과정을 설명해내는 칼 세이건의 강연은 저에게 큰 깨달음을 주었습니다.

과학자들이 거쳐온 격동의 역사를 가만 보고 있자니, 그동안 배워왔던 물리의 개념들과 요소들이 각 시대에 존재했던 과학자들의 생각을 아주 일목요연하게 드러내는 문화유산의 집합체였다는 사실에 깊이 감동했습니다. 단순히 문제를 풀기 위해서'만' 배우는 줄 알았던 공식들이, 그들의 사상과 설명체계를 나타내는 '언어' 그 자체라는, 어찌 보면 너무나 당연하지만 여태껏 몰랐던 정말 중요한 사실을 깨닫게 되었습니다. 그때 받은 충격은 이루 말할 수 없습니다. 그리고는 그날 이후 결심했습니다. '과학, 특히 물리학을 재미있게, 적어도 지금 내가 느낀 감동을 많은 이가 공감할 수 있는 형태로 전달해보자'라고요.

고등학교 1, 2학년 열두 개 반의 아이들에게 과학을 가르치던 교사 시절, 당시 마음속에 항상 품고 있었던 하나의 철학이 있었습니다. '모든 아이가 과학, 특히 물리를 좋아할 필요는 없지만, 살면서 언젠가 문득 이 세상이 무엇으로 이루어져 있고, 어떻게 움직이는지, 수많은 물질이 서로가 서로에게 어떻게 영향을 미치며 살아가는지에 관한 궁금증이 조금이나마 떠오르게 되었을 때, 그 답은 물리와 철학에 있다는 사실을 일깨워주자'라는 것이 그것이었습니다. 그리고 그 신념은 과학쿠키 콘텐츠를 제작함에 있어서도 변함이 없습니다.

아이러니하지 않나요? 과학 커뮤니케이터라고 하는 사람이 모든 사람이 과학을 좋아해야 할 필요는 없다고 하다니요. 하지만 저는 확신합니다. '과학사'를 통해 과학을 제대로 음미해보지 않았다면, 아직은 그 재미를 발견하지 못했을 뿐이라고요.

여러분께 질문 하나 던져볼게요.
"우리는 어디에서 왔을까요? 또 우리는 어디로 향하고 있으며, 어디로 가고자 할까요?"
그런데 정말 놀랍게도 이에 대한 질문과 답이 역사가 탄생한 이래 모든 시대마다 있었다는 사실을 알고 있었나요? 그리고 이러한 문답이 새로운 생각들을 끊임없이 낳으면서, '과학'이라는 틀을 탄생시켰다는 사실은요?
이런 질문에서 시작한 이 책은, 사고 과정의 커다란 흐름에서 탄생한 '물리학'의 다양한 영역을 설명하고자 다음과 같이 나누어 이야기를 담았습니다. 물체가 어떻게 움직이는지를 연구하다가 나아가 운동의 본질까지 설명하는 학문인 '클래식 역학', 현대 전기 문명의 발판을 만들어준 '전자기학', 열기관의 연구로 출발해 예상치 못하게 우리가 살고 있는 우주와 세계의 법칙을 들여다볼 수 있도록 도와준 '열역학', 첨단과학과 우주과학을 깊이 이해할 수 있게 해준 20세기 최대의 업적 '양자역학'의 역사 이야기까지, 누구나 즐겁게 누릴 수 있도록 '과학쿠키'스럽게 풀었습니다.

이 책을 통해 물리학사의 커다란 흐름을 들여다보면서, 학생이라면 지금껏 배워온 물리학 수업에 나오는 개념들이 어떻게 탄생하게 되었는지를, 성인이라면 그동안 배워왔던 물리학과는 다른 즐거움과 재미를 만끽할 수 있을 것이라 확신합니다.

이 책이 만들어질 수 있도록 모든 과정을 도와주신 청어람미디어 정종호 대표님과 김상기 과장님, 그리고 편집팀에게 깊은 감사를 드립니다. 콘텐츠 기획 아이디어에 필요한 다양한 자료들을 제공해주시고, 제작 과정에서 감수를 도와주신 박병철 교수님, 지식적으로 많이 부족했던 양자역학에 관한 부분을 많이 채워주시고 도와주신 김상욱 교수님, 물리학의 정수를 느낄 수 있도록 가르침을 주신 이희복 교수님, 항상 과학쿠키 채널 운영을 도와주는 동생 현종과, 현직에서 물리학을 가르치고 있는 많은 교사 친구들, 마지막으로 과학을 쿠키처럼 즐길 수 있도록 과학이라는 학문을 좋아할 수 있는 사람으로 인도해주시고 가르쳐주신 어머니께 감사드립니다.

2019년 2월

이효종

1부

물체는 왜
움직이는 걸까?

클래식 역학 이야기

1. 물체는 '무엇' 때문에 움직이는 걸까?

역학에 관한 역사 이야기

자동차의 속도 계기판이나 여름철 쉬지 않고 돌아가는 전력량계는 물론 도시의 인구 증감률까지, 우리가 살아가며 마주하는 많은 수치 가운데 대다수는 아주 짧은 시간의 변화를 나타낼 때 필요한 개념인 '변화율'로 표시됩니다. 시간에 따라 어떻게 변화하는지를 파악할 수 있는 변화율! 그런데 이 개념은 언제부터 등장하게 된 걸까요?

짧은 시간의 변화, 좀 더 간격을 미세하게 좁혀본다면 찰나 동안의 변화를 지칭해 우리는 '순간의 변화'라고 부릅니다. 이런 순간의 변화는 시간에 따라 변화하는 우리 주변의 모든 것들을 단순한 하나의 기호로 표현할 수 있도록 만들어준 아주 획기적인 발명품입니다. 마치 수학에서 자릿수와 빈칸을 표현할 때 사용하는 획기적인 숫자, '0'을 **발견**한 것처럼 말입니다.

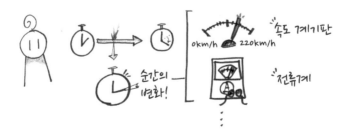

그런데 대체 '순간의 변화'라는 개념이 무엇이길래 어째서 획기적인 발견이라고 부르는 걸까요? 단순히 짧은 시간 동안에 벌어지는 일을 표현하는 것이 정말 대단한 의미가 있는 걸까요? 놀랍게도 우리가 현재 너무나 자연스럽게 사용하고 있는 대부분의 물질문명은 순간의 변화를 표현할 수 있는 이 '도구'의 발견이 없었다면 등장할 수 없었을 것입니다. 시간의 변화를 나타낼 수 있는 이 도구는 엄청난 위력을 가지고 있는 셈입니다.

그렇다면 이 도구는 누가 발견했을까요? 그 발견의 첫걸음은 물체가 움직이는 원인이 '무엇'인지 밝혀내려 했던 자연철학자들에 의해 내딛게 되었습니다.

✚ 고대 자연철학자들이 바라본 세계와 우주는?

아주 오래전부터 인류는 별들의 움직임에 관한 호기심, 즉 천체운동이 어떤 방식으로 일어나는지에 관한 연구를 펼쳤습니다. 기원전 4세기경, 그리스의 7대 현인 중 한 명이자 자연철학자인 **아리스토텔레스**(Aristoteles)는 만물은 4원소인 불, 물, 흙, 공기로 이루어져 있으며, 이들이 가지는 본성에 의해 모든 물질의 움직임이 이루어진다고 설명했습니다.

예를 들어, 흙과 물은 지구 중심을 향해 움직이려는 성질을, 반대로 공기와 불은 지구 중심에서 멀어지려는 성질을 그 물질들이 창조되었을 때부터 가지고 있다고 생각했습니다. 대부분 흙과 물로 이루어진 주변 사물들은 특별한 힘을 가하지 않으면 지구 중심인 바닥을 향해 떨어지고 자연스레 멈춥니다. 이런 현상을 아리스토텔레스는 원소의 성질을 들어서 자연스럽게 설명할 수 있었던 것이죠.

　이 같은 아리스토텔레스의 생각을, 모든 만물은 목적을 가지고 태어났다는 '**목적론적 세계관**'이라고 일컬었습니다. 당시 고대 그리스는 사유, 즉 생각을 통해 우주를 이해할 수 있는 것이 진리로 가는 유일한 길이라고 여겼습니다. 이 생각 때문에 근현대의 과학적 방법과는 다르게 가설을 만들거나 실험을 통해서 검증하는 일처럼 직접 무언가를 하는 행동을 바람직하게 여기지 않는 풍토가 있었습니다. 행위를 통해서 진리를 발견하는 것이 아닌, 오로지 사고를 통해 진리에 도달할 수 있다고 생각했기 때문이죠.

　아리스토텔레스는 4원소 외에도 제5원소로 '**에테르(Aether)**'를 주장했습니다. 네 개의 원소로 쪼개진 불완전한 지상의 물질과는 태생부터 다른 에테르는 신의 원소로, 어둑한 밤하늘을 빛으로 채우는 별들과 달, 그리고 태양의 움직임처럼 천상에서 움직이는 천체들을 구성하는 물질입니다. 이 에테르는 지상의 물질과는 다른 완벽한 물질 그 자체이기 때문에 천체들 또한 우주에서 가장 아름다운 도형인 원(유클리드의 『원론』에서 주장함)을 따라 쉬지 않고 조화롭게 움직인다고 생각했습니다.

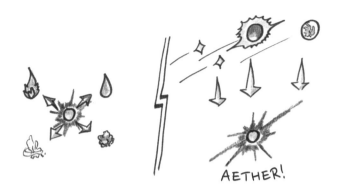

그의 사고관과 주장은 많은 학자를 통해 개선, 발전되어 약 2세기 경에 활동했던 천문학자 **프톨레마이오스(Ptolemaeos)**에게로 이어지게 됩니다.

✚ 프톨레마이오스, 천문학을 집대성하다

프톨레마이오스는 그리스와 바빌로니아 천문학자들의 연구 결과를 바탕으로 기하학적인 직관을 이용해 자신의 천문관을 설명한 『**천문학 집대성**』을 발표하게 됩니다. 총 13권이라는 어마어마한 분량의 이 책은 당시에 관측 가능한 모든 별의 움직임을 수학과 기하학을 이용해 전부 설명할 수 있게끔 한 아주 놀라운 책이었습니다. 책의 분량이 너무나 방대하고 이해하기 어렵다는 단점만 제외하면 말이죠.

이 책은 훗날 아랍어로도 번역되었는데, 아랍어판의 제목은 현지어로 『가장 위대한 것』이라고 붙여졌습니다. 이 책의 위상을 여실히 알 수 있는 제목입니다. 『천문학 집대성』의 또 다른 이름으로 잘 알려진 『알마게스트』는 이 아랍어판 이름인 『가장 위대한 것』을 라틴어로 옮긴 것입니다.

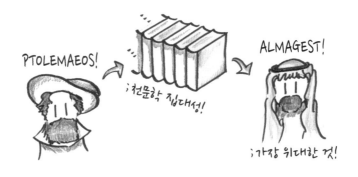

+ 하늘에서는 원운동, 그러면 땅에서는?

이렇게 천상에서의 운동이 완성되고 있다고 생각할 무렵, 지상의 운동 또한 여전히 활발한 연구가 진행되고 있었습니다. 11세기경 페르시아의 철학자 이븐 시나(Ibn Sina)는 공기가 가진 위로 올라가려는 성질이 물체를 바닥으로 떨어뜨린다고 주장했습니다. 공기의 성질이 물체가 움직이는 데 도움을 준다고 여겼던 아리스토텔레스의 생각과는 다르게, 오히려 공기가 물체의 움직임을 방해하는 요소라고 주장한 것이죠. 그리고 그는 물체가 운동하는 이유에 대해 기존과 다른 설명을 제시했습니다. 물체가 지닌 운동의 기세에 의해서 물체가 움직인다는 것이 그것입니다. 이 기세를 '**임페투스**(Impetus)'라고 합니다.

이 임페투스 개념을 본격적으로 이용하고자 했던 사람은 14세기 프랑스의 철학자 장 뷔리당(Jean Buridan)입니다. 뷔리당은 물체의 양, 그리고 처음 속도에 따라 운동의 기세, 즉 임페투스의 크기가 결정된다는 재미있는 아이디어를 떠올렸습니다.

예를 들어, 대포가 포탄을 발사한 상황에서 물체가 보유하고 있는 임페투스가 어떻게 변하는지 분석해보겠습니다. 처음에 포가 발사된 순간 포의 임페투스는 바닥 방향과 진행하는 방향으로 형성되게 됩니다. 임페투스는 시간에 따라 점점 변하게 되는데, 바닥 방향의 임페투스는 점점 그 방향으로 커지게 되고, 이동 방향의 임페투스는 공기의 방해, 즉 저항에 따라 점점 작아지게 됩니다. 이러한 변화가 포물선의 궤적을 만들어준다고 설명했습니다.

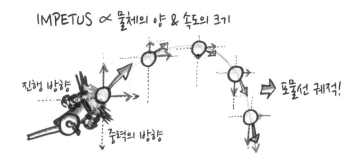

이를 바꿔 말하면, 물체는 각기 정해진 성질 때문에 움직이는 것이 아니라, 바로 이 임페투스, 즉 운동의 패기에 의해 움직인다고 주장한 것입니다!

이 이론을 이용하면 아리스토텔레스가 설명하지 못했던 **외부로부터의 충격**, 즉 충돌이라는 개념도 설명할 수 있습니다. 아리스토텔레스는 물체가 목적에 따라 운동한다고 주장했는데, 충돌이 일어날 당시 물체들의 운동에는 특별한 목적이 없으니 설명하기 곤란했던 것이죠. 그러나 물체의 목적과는 별개로 외부로부터의 충돌이 물체에게 운동의 기세를 조절해준다고 설명하면, 충격을 받은 물체가 충격을 받은 만큼 운동한다는 것도 자연스럽게 설명할 수 있습니다.

이후, 이 임페투스 이론은 수많은 자연철학자에게 널리 알려지게 됩니다. 그들 가운데 모든 자연에서 일어나는 운동은 결국 수학으로 설명하는 것이 가능해야 한다고 주장했던 철학자 **르네 데카르트**(René Descartes)를 만나게 되면서, 그의 철학적 사고의 기반 중 하나인 '방법론적 회의', 즉 수학적인 방법을 통해 기술되게 됩니다.

✚ 방법론적 회의? 수학? 데카르트!

17세기를 대표하는 철학자 르네 데카르트! 그가 활동했던 시기는 마지막 종교 전쟁인 30년 전쟁 무렵으로, 모든 이들의 정신과 육체가 피폐해진 상태였습니다. 오랜 전쟁을 통해 사람들은 종교에 대한 허무감과 회의감에 사로잡혀 있었는데, 데카르트는 이러한 불확실하고 혼란스러운 시대적 분위기를 극복하려면 누구도 의심할 수 없는 완벽하고 절대적인 진리가 필요하다고 생각했습니다. 이런 복잡하고 어지러운 환경 속에서 그가 진리를 발견하기 위해 선택한 방식이 모든 것을 의심하는 방법, 즉 '방법론적 회의'를 택했다는 것은 어찌 보면 극단적인 사고방식이었습니다.

하지만 잘 생각해보세요. 모든 것을 의심하고 또 의심하다 보면, 결국 우리는 그 대상을 세상에 존재하게끔 만든 가장 기본이 되는 원리에 도달하게 될 것입니다. 그것을 데카르트는 '진리'의 후보로 생각했던 것입니다.

　　이러한 철학적 사조 때문인지 데카르트는 세상을 '수학'으로 표현할 때 가장 진리에 가까울 것으로 생각했습니다. 수학에는 누구도 의심할 여지가 없는 '공리'가 있습니다. 데카르트는 그 점이 아주 마음에 들었나 봅니다. 이러한 수학에 관한 애착이 임페투스 이론과 만나게 되면서 임페투스를 수학적으로 분석할 수 있는 방법을 고민하게 되고, 간단한 물체의 움직임 정도는 나타낼 수 있는 몇몇 기본적인 방정식들을 고안해내게 됩니다.

　　한편 데카르트는 세상의 모든 물체는 무언가 완벽한 '진리'를 통해서 서로 맞물려 움직이고 있다고 주장했습니다. 이러한 세계관을 우리는 **'기계론적 세계관'**이라고 부릅니다. 앞에서 언급했던 데카르트의 사고방식으로 바라본다면 상당히 자연스러운 맥락이라고 생각할 수 있겠죠?

이 세계관의 등장은 17세기 이후 서양 사람들의 사고에 막대한 영향을 주었습니다. 중세 시대를 거의 완벽에 가깝게 장악했던, 당시 진리의 최고 후보인 '절대자'를 상징하는 '크리스트교'의 찬란하던 구름이 걷히기 시작하자, 이제 세상은 차기 진리의 후보로서 '과학'이라는 학문을 본격적으로 내세우기 시작합니다.

✚ 운동, 시간, 그리고 갈릴레오 갈릴레이!

이 무렵, 훗날 '과학의 아버지'로 칭송받는 자연철학자 **갈릴레오 갈릴레이**(Galileo Galilei)는 자유 낙하하는 물체에 관해 심도 있게 연구를 진행하던 중이었습니다. 데카르트가 수학적으로 유도해낸 자유 낙하 공식을 갈릴레이는 빗면을 이용한 수레 실험장치와 항상 일정한 간격으로 진동하는 진자 시계를 이용한 독립적이고 창의적인 실험을 통해 데카르트의 방정식과 동일하게 유도합니다.

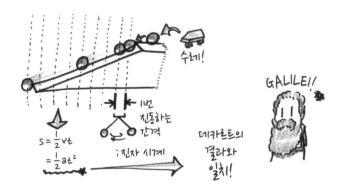

또 갈릴레이는 이 빗면 실험을 확장해 새로운 이론을 유추해냈습니다. 처음 자리에 위치한 수레를 마주보는 빗면 방향으로 진행하도록

놓게 되면 주변으로부터 아무런 방해를 받지 않는다는 가정 아래 동일한 위치까지 올라갈 수 있을 것이라는 가설을 제안하게 됩니다. 나아가 이 빗면을 내리고 내려, 결국에 바닥과 평평하게끔 만들게 되면 동일한 높이까지 올라갈 방법이 없는 수레는 그 위치에 도달할 때까지 영원히 앞으로 움직일 것이라고 생각했습니다. 이것이 바로 그 유명한 갈릴레이의 관성 사고 실험입니다. 이 사고 실험은 얼마 후 등장하게 된 한 사람의 자연철학자에 의해 '관성의 법칙'이라는 이름으로 재탄생하게 됩니다.

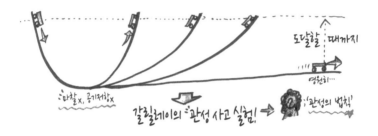

✚ 그래서, 물체는 무엇 때문에 움직이는 거야?

자, 여기까지 달려오면서 여러분은 저와 함께 물체가 과연 무엇 때문에 움직이는지, 그 후보들에 관해 이야기했습니다. 고대 현인이었던 아리스토텔레스는 물체가 만들어졌을 때부터 목적에 따라 움직인다고 생각했습니다. 그러나 장 뷔리당은 물체가 움직이는 이유를 '임페투스'라는 운동의 기세로 보았습니다. 이후에는 데카르트와 갈릴레이에 의해 물체의 운동을 수학적으로 나타낼 수 있을 만한 실마리를 제공받았습니다.

그런데 아직 풀리지 않은 의문이 많이 남아 있습니다. 임페투스 이론에 따르면, 모든 움직이는 물체는 각자 지닌 운동의 기세를 바탕으로 움직인다고 하는데, 매일 같이 어김없이 뜨고 지는 하늘의 별과 달, 그리고 태양은 어떻게 멈추지 않고 계속해서 움직일 수 있는 걸까요? 그리고 그 기세가 외부의 요인에 의해 변한다면, 도대체 무슨 요인에 의해 몇몇 별들은 앞으로 갔다가 뒤로 가는 기묘한 움직임을 보이는 걸까요?

2. 하늘의 별들은 어떻게 움직이는 걸까?

 천동설과 지동설에 관한 역사 이야기

2018년 여름은 정말이지 기록적으로 무더운 날씨가 이어졌습니다. 한동안 폭염 속에 몸을 담가서인지 늦여름 무렵 아침저녁으로 불어오는 선선한 바람에도 상쾌함을 만끽하게 됩니다. 무더위가 꺾이고 나면 머지않아 절기상 하늘은 높고 말은 살찐다는 천고마비의 계절인 가을을 맞이하게 됩니다. 저처럼 별자리를 찾거나, 천문 사진 찍는 걸 좋아하시는 분들은 아마도 이 가을과 이어지는 겨울을 가장 좋아하는 계절로 꼽을 것 같습니다. 그 이유는 가을과 겨울 두 계절 내내 한반도를 덮고 있는 고기압 기단이 우리가 사는 대부분의 지역에 하강기류를 발생시키는 덕분에 하늘이 청명하고 깨끗해져서 천문 관측을 보다 쉽게 할 수 있기 때문입니다. 요즘 같이 화성이 지구 근처에 접근해 있어 아주 또렷하고 환하게 관측할 수 있는 시기가 오면 맑고 어두운 밤하늘만 바라봐도 너무나 설레고 짜릿한 느낌을 받곤 합니다.

그런데 여러분, 궁금하지 않나요? 왜 별들은 밤이 되면 동쪽에서 떠올라 서쪽으로 지는 주기적인 이동을 계속해서 할 수 있는 걸까요? 지금처럼 지구가 자전하고 있다는 사실을 몰랐던 옛날 사람들은, 대체 별에게 무슨 능력이 깃들어 있길래 매일 하루도 빠짐없이 밤하늘 위를 움직이며 날아다닐 수 있다고 생각했을까요? 그 궁금증을 풀기 위해서는 하늘의 움직임을 낱낱이 분석해 정리한 자연철학자, 프톨레마이오스의 이야기로 출발해야 합니다. 천체의 움직임을 통해 세상을 바라보는 관점을 만들어나간 역사 이야기, 천동설과 지동설에 관한 역사 이야기를 들여다보면서 말이죠.

✚ 처음부터 그렇게 움직이도록 만들어졌으니까!

별들의 움직임은 아주 먼 옛날부터 인간에게 커다란 호기심의 대상 중 하나였습니다. 여러 문명지의 유적이나 유물을 통해 과거의 사람들이 얼마나 많이 별에 관한 호기심을 품었는지를 여실히 찾아볼 수 있습니다. 이러한 호기심에 관해 아리스토텔레스는 앞서 언급했듯이, 천상에서 움직이는 모든 천체는 에테르라는 완벽한 물질로 이루어져 있어서 절대 멈추지 않고 끊임없이 원운동으로 움직인다고 설명했습니다.

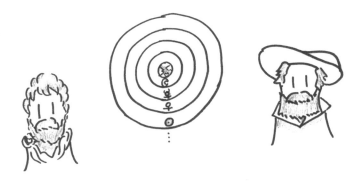

이후 수백 년간 여러 문명지와 국가에서 지속적인 천문 관측과 기록이 이어졌고, 150년경에는 천문 현상에 관한 모든 내용을 놀랍도록 정교하게 정리한 프톨레마이오스의 『천문학 집대성』이라는 책이 세상에 등장하게 됩니다.

이 책은 당시까지 관측된 모든 천문 현상에 대해 가장 정교하게 설명했을 뿐만 아니라, 행성의 기묘한 운동, 예를 들면 외행성이 앞으로 잘 진행하다가 갑자기 뒤로 이동하는 역행 운동 같은 현상에 대한 의문을 주전원과 이심이라는 개념을 통해 증명했습니다.

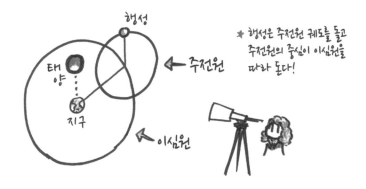

그래서인지 프톨레마이오스의 우주관은 약 1,400년간 서양인들의 세상을 바라보는 관점을 완전히 장악하게 됩니다. 이 사고관이 바로 우주는 우리를 중심으로 운동한다는 '**천동설**'입니다!

천동설은 신의 섭리에 따라 만들어진 '지구'는 우주의 중심이므로 이 주변을 태양과 달, 그리고 많은 행성이 천상의 완벽한 법칙에 따라 돌고 있다고 주장합니다. 이 이론은 당시까지 관측된 천문 데이터를 분석한 책 『천문학 집대성』을 통해 아주 명확하게 설명이 가능했습니다.

게다가 중세 유럽인의 정신을 지배하던 교리인 '크리스트교'와도 그 맥락을 같이함과 동시에, 직관적으로도 하늘만 쳐다보면 바로 알 수 있는 별들과 행성의 움직임이 눈앞에서 명백하게 펼쳐지고 있었기 때문에 대부분의 학자는 이 천동설을 의심의 여지 없이 받아들였을뿐더러 굳이 단점을 찾으려 하지 않았습니다.

그러다가 수많은 유럽인의 목숨을 앗아간 흑사병의 대유행과 기나긴 종교 전쟁의 패배를 통해, 사람들은 점점 '신이 정말로 존재하는가?'에 대한 회의감에 빠져들게 되었습니다. 이러한 사회적 분위기와 시민들의 의식 성장에 힘입어 서구는 이전에 없었던 엄청난 규모의 문예부흥, **'르네상스'**를 맞이하게 됩니다.

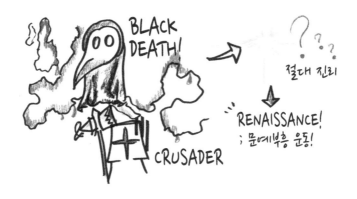

✚ 르네상스, 과학에도 혁명을 일으키다

르네상스 시대에는 많은 이들이 그동안 진리라고 여겨왔던 **'종교'**의 자리를 대신할 인간의 새로운 **'이성'**을 찾기 위해 노력했습니다. 이 여파는 자연철학자들에게도 영향을 미치게 됩니다. 그동안 종교의 권위를 앞세워 당연하게 여기던 지식에 대해 이제부터 합리적 의심을 해볼 커다란 계기를 제공하게 된 것입니다.

사실 그간 종교의 높은 권위 때문에 반박할 수 없었던 것이지, 천동설에는 분명 완벽하게 관측 현상을 설명하지 못한다는 약점이 존재하고 있었습니다. 먼저, 천동설에서 행성들의 역행을 설명하기 위해 도입한 주전원이라는 개념은 이를 가지고 일반 천체 운행을 설명하기에는 일관되지 않습니다. 또, 금성과 수성, 태양 세 천체의 공전 주기를 명확하게 설명할 수 없다는 점도 그렇습니다.

이러한 문제점을 깔끔하게 해결해줌과 동시에, 우주를 더욱 아름다운 기하학으로 설명할 방법을 주장한 이가 바로 최초로 지동설을 주장한 것으로 알려진 자연철학자 **니콜라스 코페르니쿠스**(Nicolaus Copernicus)입니다!

✚ 사실 지구가 움직이고 있었다? 지동설의 등장

코페르니쿠스는 프톨레마이오스의 『천문학 집대성』에서 제시한 우주 모델을 자세히 연구하다가 앞에서 설명한 두 가지의 약점을 포함해 행성들이 움직이는 운동, 즉 지구에서 관측한 행성의 진로가 예측과는 크게 다르게 움직인다는 사실을 발견합니다. 이에 그는 하나의 가정을 떠올리게 됩니다.

'혹시, 지구가 우주의 중심이 아니라면? 만약, 태양을 우주의 중심에 두고 지구가 그 주위를 세 번째 궤도에서 도는 것은 아닐까?'

이 가설에 따르면, 프톨레마이오스가 『천문학 집대성』을 통해 설명한 모든 현상을 포함해 앞서 문제점으로 제시된 주전원 등의 복잡한 설명체계가 아주 단순한 방법으로 설명이 가능해집니다.

이것이 바로, 그동안 사람들이 굳게 믿고 있었던 지구를 중심으로 우주가 돈다고 생각한 천동설을 벗어난 최초의 시도, 즉 태양을 중심으로 지구가 도는 이론인 **'지동설'**인 것입니다!

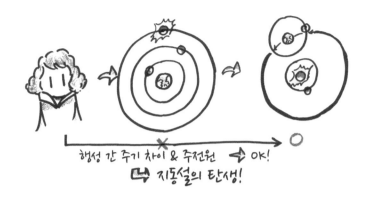

행성 간 주기 차이 & 주전원 ← OK!
↳ 지동설의 탄생!

　　사실 코페르니쿠스가 주장했던 지동설은 우리가 현재 알고 있는 지동설과는 부분적으로 다른 모습을 띠었습니다. 예를 들면, 아리스토텔레스가 주장한 바와 같이 행성들은 천구를 따라서 완벽한 원형 궤도를 가진다거나, 자신의 모형과 맞지 않는 관측 결과에 대해서는 프톨레마이오스처럼 주전원과 이심 등의 임시변통적 가설인 'Ad Hoc 개념'을 그대로 인용했기 때문이죠. Ad Hoc은 라틴어로 '그것에 대해서'라는 뜻으로, 어떤 이론이나 학설, 논리에 대한 부정적인 근거나 반박이 등장했을 때 오직 그것에 대해 반박하기 위해서만 필요한 가설을 뜻합니다.

　　하지만 그럼에도 불구하고 당시 서양을 지배하고 있던 천동설의 틀을 깨고 나올 수 있었다는 점은 대단한 창의성의 발현임이 틀림없습니다. 이러한 그의 업적을 기리는 의미에서 과학사에서는 16세기에서 17세기에 걸친 과학 혁명의 시작점을 코페르니쿠스로 삼고 있습니다. **과학과 철학, 문화, 종교마저도 지지하고 있던 절대 진리의 틀을 자신의 새로운 우주 모형을 통해 깨부순 코페르니쿠스! 정말 멋진 소신을 가진 자연철학자임에 틀림없죠?**

✚ 관측 결과들이 모여 더욱 놀라운 비밀을 밝혀내다

한편, 여태껏 진리로 받아들이던 천동설을 지키기 위해 일각에서는 여전히 지구를 우주의 중심에 둔 상태로 천문 현상을 설명하고자 하는 노력이 이루어졌습니다. 덴마크의 천문학자 튀코 브라헤(Tycho Brahe)는 1588년, 그의 저서인 『새로운 천문학 입문』을 통해 코페르니쿠스 체계와 프톨레마이오스 체계의 절충안을 제시했습니다. 그는 코페르니쿠스가 제시한 지구의 공전과 자전은 매우 터무니없는 주장이라면서 그의 생각을 '물리적 어리석음'이라고 폄하하기까지 했습니다.

이는 코페르니쿠스를 무시하는 언행이라기보다는, 그동안 진리로 받아들이던 세계관과 과학이 무너지는 것을 막고자 하는 일종의 외침으로 볼 수 있을 것 같습니다.

튀코 브라헤의 연구소에는 그가 그다지 탐탁지 않아 했던 조교한 명이 있었습니다. 능력만큼은 정말 뛰어나지만, 튀코 자신에게 의지하지 않는 새내기 조교가 별로 맘에 들지 않았던 것이죠. 하지만 건강이 급속도로 나빠지게 된 튀코는 자신이 평생에 걸쳐 관측한 항성과 행성을 기록한 『루돌프 표』의 편찬 마무리 작업을 이 신참 조교에게 어쩔 수 없이 맡기게 됩니다. 이 조교가 바로, 타원 궤도의 법칙 등의 '행성 운동 3법칙'으로 유명한 독일의 천문학자, **요하네스 케플러**

(Johannes Kepler)입니다. 케플러는 이 법칙을 30년에 걸친 튀코 브라헤의 관측 결과와 자신의 관측 결과를 바탕으로 완성하게 됩니다. 만약 튀코의 자료가 없었다면 케플러가 과연 이 법칙을 만들어낼 수 있었을까요?

✛ 지동설, 이대로 무너지나?

자, 이야기는 다시 코페르니쿠스의 우주관으로 돌아옵니다. 튀코의 경우처럼 코페르니쿠스의 우주관은 당시 많은 자연철학자에게 시시때때로 공격을 받았습니다. 대표적인 두 가지의 지적 내용을 함께 들여다볼까요?

#1. 넌 눈이 장식이니? 자전과 공전을 하면 다 날아갈 거 아냐?

아니, 이렇게 큰 지구가 자전과 공전을 하며 엄청나게 빠르게 움직인다면, 그렇게 빠른 속도로 돌고 있는 지구 위에 있는 우리가 어떻게 멀쩡하게 발붙이고 땅에 서 있을 수 있는 것인가? 빠른 속도로 원운동을 한다면 분명 모두 다 튕겨 나갈 텐데, 어떻게 멀쩡히 지구에 붙어 있을 수 있단 말인가?

#2. 자전을 하는데 어떻게 물건이 바닥으로 떨어진다는 거야?

그리고 이렇게 빠르게 지구가 자전하고 있는데, 높은 건물 위에서 아래로 물체를 떨어뜨리게 되면 자전에 의해 물체가 바닥에 떨어지지 못하고 멀리 달아나지 않을까? 그런데 어떻게 물체가 바닥에 직선으로 떨어질 수 있는 것인가? 지구가 자전과 공전을 하고 있다면 이러한 일은 절대 일어날 수 없는 것 아닌가?

코페르니쿠스의 우주관, 즉 지동설에 대한 이 두 가지 지적은 당시의 관측 결과들로 생각해본다면 나름 논리적 견해를 보입니다. 일상 속에서 너무나 당연하게 체험하고 있는 일들이기 때문에 많은 사람에게 코페르니쿠스의 우주관이 잘못되었다고 생각할 법한 근거가 되어주었습니다.

그러나 놀랍게도, 코페르니쿠스의 우주관을 지지함과 동시에 이 두 가지 질문에 대한 답을 제시한 자연철학자가 17세기 중반에 등장하게 되면서, 합리적이고 과학적 근거를 통해 지동설은 큰 힘을 얻게 됩니다. 이 사람이 바로 임페투스 이후의 물체의 운동에 관해 수학적인 분석을 시도했던 자연철학자 **갈릴레오 갈릴레이**입니다.

✚ 갈릴레오 갈릴레이는 어떻게 이 문제를 해결했을까?

갈릴레이는 관찰자가 정지하고 있는지, 움직이고 있는지는 그 관찰자가 속해 있는 상태, 즉 관찰자의 운동 상태에 따라 결정된다고 주장했습니다. 예를 들어볼까요? 여러분이 KTX 같은 빠른 속도의 기차를 타고 있다고 가정해봅시다. 기차가 커브를 돌거나 갑자기 정지하지 않는 이상 우리는 기차 안을 돌아다니는 데 별다른 어려움을 느끼지 못합니다. 주머니에 있는 공을 꺼내 위로 던졌다가 다시 잡는 일도 마음만 먹으면 얼마든지 할 수 있죠. 하지만 바깥에서 보면 다릅니다. 너무나 빠르게 움직이고 있기 때문에 잘 보이지는 않겠지만, 자세히 들여다보면 기차 안의 사람들이 기차와 같은 맹렬한 속도로 움직이고 있음에도 불구하고 그 빠른 속도의 기차 안을 넘어지지 않고 잘만 걸어 다니고, 심지어는 공을 던졌다가 잡기도 합니다. 어떻게 이런 일이 가능한 걸까요? 이에 대해 갈릴레이는 이렇게 설명했습니다.

'속도가 변하지 않는다는 전제하에, 정지하고 있거나 등속도로 움직이고 있는 모든 대상은 동일한 물리 법칙을 따른다!'

이것을 조금 더 쉽게 표현해보자면, 일정한 속도로 움직이는 KTX를 타고 있는 '나'에게 작용하는 물리 법칙은 기차에서 내린 '나'에게 작용하는 물리 법칙과 완전히 똑같다는 것입니다. 같은 이유로, 지구가 자전과 공전을 하고 있다 할지라도 그 지구 위에 탑승하고 있는 우리는 지구와 함께 움직이고 있기 때문에 멈춰 있는 것과 동일하게 똑바로 서 있을 수 있으며, 동시에 높은 곳에서 물건을 떨어뜨려도 그 물건이 똑바로 땅으로 떨어질 수 있는 것입니다! (하지만 사실 오늘날의 과학으로 엄밀하게 따져보자면 지구 표면에서의 운동은 원운동이기 때문에 느끼지도 못할 만큼 약간의 관성력을 받는답니다.)

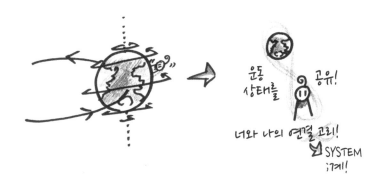

갈릴레이가 주장한 이러한 설명을 우리는 갈릴레이의 **'상대성 원리'**라고 부릅니다. '나'를 제외한 다른 대상의 운동은 '나'의 운동에 따라 달라진다는 원리, 즉 우리가 일상 속에서 아주 흔히 접하는 현상인 **'상대 속도'**라는 개념을 만들어낸 원리이지요. 이 원리에 따르면, 하루를 주기로 일어나는 태양과 달의 움직임, 그리고 별들의 움직임은 별들과 행성이 움직이는 것이 아니라 우리 스스로가 자전 운동을 하기 때문에 일어나는 천체의 주기 운동으로 설명할 수 있습니다. 이러한 설명은 코페르니쿠스의 지동설을 지지해주는 강력한 근거이자, 천동설을 위협하는 결정적 계기를 제공하게 됩니다.

✛ 천동설의 위기가 갈릴레이에게 칼날을 들이밀다

천동설을 위협할 근거를 제시한 건 이뿐만이 아닙니다. 망원경을 이용해 달과 목성을 집중적으로 관찰했던 갈릴레이는 목성 주위를 돌고 있는 네 개의 위성을 발견하게 되면서, 모든 천체가 지구를 중심으로 돌고 있다는 사실을 정면으로 반박할 수 있을 만한 근거를 찾아냅니다. 모든 행성과 별들이 지구를 중심으로 돌고 있지 않아도 된다는 증거를, 얼마든지 다른 천체도 중심이 될 수 있다는 증거를 발견하게 된 것입니다.

목성의 4위성

그런데 이 때문에 갈릴레이는 종교 재판에 불려 나가게 되었습니다. 여기서 결국 종신 가택연금형을 선고받아 여생을 자택에서 쓸쓸히 보내다가 죽음을 맞이하게 됩니다. 더욱 안타까운 것은, 이단으로 낙인찍혀 장례식은 물론 그의 무덤에 묘비를 세우는 것도 금지되었는데, 몇백 년이 지난 1992년이 되어서야 요한 바오로 2세에 의해 갈릴레이에 대한 재판이 잘못되었다고 공표됩니다. 그의 명성과 업적으로 미루어볼 때 참으로 쓸쓸한 말로가 아닐 수 없네요.

✚ 그는 죽었지만, 그의 유지는 이어지다

아리스토텔레스를 시작으로 약 2,000년간 굳건히 우주관의 자리를 지켜왔던 천동설은 코페르니쿠스와 갈릴레이, 그리고 기계론적 세계관을 따르던 많은 자연철학자에 의해 붕괴될 위기를 맞이하게 되었습니다. 종교계와 사회 각계각층에서 엄청난 위협을 받아왔음에도 굴하지 않고 이들의 포기할 줄 모르던 순수한 학문적 노력의 성과들은, 17세기 말 집요하고도 놀라운 한 자연철학자를 만나게 되면서 꽃을 피우게 됩니다. 그는 지상에서 일어나는 운동의 법칙을 이용해 천상의 운동을 규명하게 되는 놀라운 일을 해냈습니다. 그가 바로, 모든 만물은 서로를 끌어당긴다는 '만유인력의 법칙'을 발견해낸 자연철학자 **아이작 뉴턴**(Isaac Newton)입니다.

아이작 뉴턴은 코페르니쿠스의 천문학, 갈릴레이의 운동학은 물론, 데카르트가 주장한 기계론적 철학 사조와 케플러의 천문 기하학을 이용해 물체가 왜 움직이는지를, 무엇이 물체를 움직이는지를 '만유인력의 법칙'을 이용해 세상에 선보였습니다. 물리학 역사상 가장 위대한 역작 『프린키피아』를 통해 발표된 만유인력의 법칙은, 드디어 천상계와 지상계, 즉 신의 영역과 인간의 영역이 하나로 통합되면서 모든 만물의 움직임을 단 하나의 법칙으로 설명할 수 있는 신의 섭리이자 불변의 진리로서의 가장 유력한 후보 자리를 거머쥐게 됩니다.

중력 법칙과 운동 법칙을 이끌어내는 과정에서 뉴턴이 착안한, 아주 짧은 순간의 변화를 수학적으로 다루는 방법인 '미분법'은 물리학은 물론 모든 분야의 과학과 기술 발전에 크게 기여했습니다. 뉴턴역학의 성립으로 시작된 근대 과학은 짧은 기간에 많은 변화와 발전을 이끌어냈고, 사람들의 살아가는 방법과 사고하는 방법을 크게 변화시켰습니다. 뉴턴역학의 절대성을 믿었던 자연철학자들 중에는 "인류에게 뉴턴 이외의 자연철학자는 더 이상 필요하지 않다"라고 말하는 사람도 있었습니다. 뉴턴역학이 인류 문명 발전에 얼마나 큰 영향을 끼쳤는지를 단적으로 보여주는 예입니다.

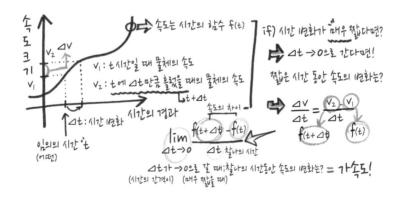

그렇다면 여러분, 이 시점에서 궁금점이 하나 생기지 않나요? 뉴턴이 발견해낸 진리의 후보이자, 물리학의 역작이라고 불리는 '만유인력의 법칙'에 관한 내용이 쓰인『프린키피아』에는 대체 무슨 내용이 담겨 있는 걸까요? 그 내용이 대체 무엇이길래 우주의 운동을 설명하고, 또 지상의 운동을 설명할 수 있는 걸까요? 나아가 그동안 자연철학자들이 꾸준히 궁금하게 여기던 물체가 움직이는 원인을 어떻게 규명할 수 있게 된 걸까요?

3. '힘'이라는 개념을 언제부터 사용하게 된 걸까?

힘의 근원을 정리하게 된 과학사 이야기

　일상생활 속에서 우리는 '힘'이라는 말을 정말 자주 씁니다. 체력적으로 에너지를 많이 소모했을 때나 어려운 일을 할 때 '힘이 든다'고 표현하고, 이루기 힘들거나 많은 일을 처리해야 할 때 '힘내자' 같은 메시지를 통해 서로 활력을 북돋습니다. 재미있는 것은, 이렇게 일상 속에서 사용하고 있는 '힘'이라는 단어의 의미와 과학에서 사용하는 '힘'의 개념은, 큰 그림 속에서는 비슷한 것 같으면서도 분명히 본질적으로는 사용되는 영역이 다소 다르다는 것을 알 수 있습니다. 과학에서 '힘'을 말할 때는 무언가 물체를 들어 올리거나 혹은 밀고 당길 때 필요한, 무언가의 개념으로서 인식되곤 하죠.

　그런데 여러분, 인간은 언제부터 '힘'이라고 하는 물리량을 본격적으로 사용했을까요? 도대체 누가 이 힘이라는 개념을 만들었길래 평생 쓸모없을 것 같은 'F=ma' 같은 공식을, 왜 우리가 배우고 있을까요? 그 이유를 알기 위해서는 이 '힘'이라는 개념을 만들어낸, 이 '힘'이 정말로 무엇을 하는 존재인지를 최초로 정의한 한 사람의 이야기부터 시작해야 합니다. 세상 모든 물체의 움직임을 만드는 근원을 밝혀내고자 한 노력의 찬란한 종착역에 관한 이야기, '힘'의 개념을 최초로 정리하게 된 역사 이야기를 함께 들여다보도록 하겠습니다!

　'힘'이라는 것이 정확하게 무엇인지 알기 위해서는, 먼저 물리학 역사상 가장 영향력 있는 자연철학자 뉴턴의 이야기로부터 출발해야 합니다. 1642년 12월 25일, 영국 링컨셔 지역의 울즈소프라는 마을에서 유복하게 태어난 뉴턴은 어린 시절부터 호기심이 많아 해시계 같은 진기한 장치를 만드는 일을 좋아했습니다. 뉴턴의 어머니는 그가 지주의 역할에 충실하기를 바랐지만, 1661년 케임브리지 대학교의 트리니티 칼리지에 입학한 뉴턴은 그때부터 하루 18시간을 공부에 쏟아부었습니다. 코페르니쿠스의 천문학, 갈릴레이의 운동학, 데카르트의 기하학과 철학, 케플러의 천문학과 광학 등 다양한 학문을 공부하면서 그들의 지식 체계를 빠르게 소화했습니다.

　그런데 뉴턴은 이렇게 학문에 매진하던 가운데, 현대 과학자의 입장에서 생각하면 점성술이나 미신에 가까운 분야인 마술과 연금술에도 관심을 가졌습니다. 이 같은 신비주의적 사고를 연구하는 분야를 철학에서는 **헤르메스주의**(Hermeticism)라고 합니다. 자연철학을 그 누구보다도 논리적으로 정리해냈던 뉴턴이, 미신에 가까운 헤르메스주의에 관심을 가졌다는 것이 어찌 보면 의아하다고 생각할 수 있을 겁니다. 그런데 이 헤르메스주의 덕분에 먼 거리에서 힘이 작용한다는 미신적 사고, 즉 원거리 작용력이라는 아이디어를 도출할 수 있었습니다.

✚ 불행 속에서 찾아낸 발견의 기쁨

다시 뉴턴의 학창 시절로 돌아가 볼까요? 1665년 흑사병이 영국 전역을 뒤덮게 되자 이 여파로 케임브리지 대학교는 일시적으로 문을 닫게 되었고, 이에 뉴턴은 어쩔 수 없이 2년간 고향으로 돌아가게 됩니다.

하지만 불행은 행운의 씨앗이라고 했던가요? 아이러니하게도 뉴턴은 이 기간에 케플러의 행성 운동을 수학적으로 해석할 수 있는 기적의 방법, '미분법'을 고안해내게 됩니다. 이 눈부신 성과가 탄생한 2년 동안을 과학사에서는 '기적의 해'라고 부르고 있습니다.

더욱 재미있는 것은, 누구나 '뉴턴' 하면 떠올리는 사과나무 이야기도 바로 이 기적의 해라고 불리는 기간에 탄생한 일화라고 합니다. 그러나 뉴턴이 사과의 낙하를 보면서 만유인력의 법칙을 떠올렸는지에 대한 증거나 기록은 남아 있지 않기 때문에 이 일화가 실제로 있었던 일인지는 알 수 없습니다.

✚ 한 통의 편지가 역작을 탄생시키다

이후 뉴턴은 빛을 연구하는 광학, 납을 금으로 바꾸려는 시도인 연금술 등을 공부하며 세계의 본성을 이해하려는 노력을 꾸준히 지속합니다. 그러던 가운데 한 천문학자로부터 아주 특별한 의뢰를 받게 됩니다. 영국의 천문학자 에드먼드 핼리(Edmund Halley)는 이미 케플러가 발견한 행성의 운동 법칙인 케플러 3법칙에 관한 기하학적 내용을 바탕으로, 76년마다 지구를 찾아오는 천체 핼리혜성을 예견하고 발견해낸 인물이기도 합니다. 그러나 당시 핼리는 천체의 행성들이 완벽한 원형 궤도를 그리지 않고 타원 궤도를 그리며 운동하는 이유에 대해서는 알지 못했습니다. 그래서 그는 1684년, 뉴턴과 주고받았던 여러 서신 내용 가운데 그때까지 풀지 못한 의문점을 한데 모아 뉴턴에게 직접 찾아가 해답을 얻어야겠다고 생각하게 됩니다.

핼리가 뉴턴에게 질문했습니다.

"당신 말대로 태양이 천체들에게 거리의 제곱에 반비례하는 힘을 미치고 있다면, 그 힘을 통해서 천체의 궤적을 계산할 수 있지 않을까요? 혹시 그 계산 방법을 알려주실 수 있습니까?"

이러한 질문에 대해 뉴턴은, "행성은 자연스레 타원으로 돌게 되는데, 이미 계산해둔 식이 있으니 그것을 참고해보시면 될 것 같습니다"라고 답한 뒤 식을 적어둔 쪽지를 찾아보았지만 어디에 두었는지 알 수 없었습니다. 이에 조만간 서신에 식을 적어서 다시 증명해보이겠다고 약속하게 됩니다.

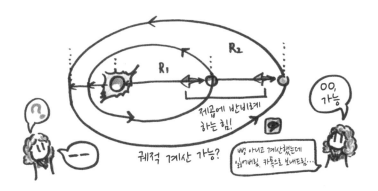

　　이런 핼리와의 약속이 뉴턴의 성급하지만 집요한 성품과 만나게 되면서, 그동안 천상계의 움직임에는 천상계만의 법칙이, 그리고 지상계의 움직임에는 지상계만의 법칙이 작용하고 있다는 절대 진리를 붕괴시킨, 물리학 역사상 손에 꼽을 만한 위대한 역작을 탄생시키게 됩니다. 이것이 바로 세상의 운동을 단 하나의 원리를 이용해 설명한 책 『프린키피아』입니다!

✛ 『프린키피아』, 세상의 운동 섭리를 세 권에 담다

　　『프린키피아』의 원제는 '자연철학의 수학적 원리'로, 책 제목 그대로 자연에서 일어나고 있는 모든 일에 관한 수학적 원리를 담은 책입니다. 총 세 권으로 이루어진 이 책의 내용을 살짝 맛보기로 들여다볼까요?

1권에서는 운동과 힘이 무엇인지에 관한 상세한 정의를 담았습니다. 기존 자연철학자들이 땅 위에서 이루어지고 있는 운동을 분석한 학문인 '운동학'을, 뉴턴 자신이 새롭게 정의한 개념인 '힘'을 통해 분석하는 방법이 소개되어 있습니다. 일반적으로 '진공', 즉 공기나 바다의 마찰력 등의 저항이 전혀 없는 상황들을 소개하면서, 자신이 정의한 개념이 어떻게 적용될 수 있는지에 관한 이야기들을 다루고 있죠.

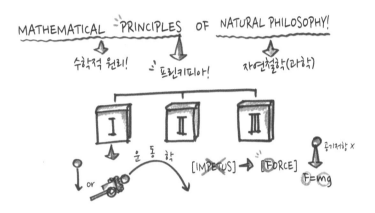

2권에서는 저항이 있는 공간 속, 예를 들면 공기의 저항을 받으며 포탄이 날아가는 운동이라든지, 물속에서의 물체의 운동처럼 '유체' 속에서의 물체의 운동이 어떻게 전개되는지에 관한 문제를 다루고 있습니다.

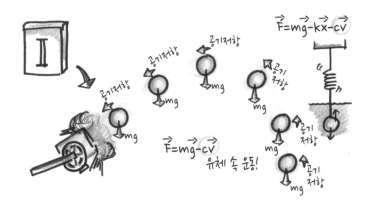

마지막 3권에서는 앞에서 이야기한 힘과 운동에 관한 수학적 분석 방법을 토대로, 케플러 3법칙의 수학적 증명을 포함해 태양과 다른 행성들의 질량이 얼마인지를 궤도를 통해 추론하거나, 밀물과 썰물의 현상을 달의 인력으로 설명하는 등 자연계에서 일어나고 있는 실제 현상을 다루고 있습니다.

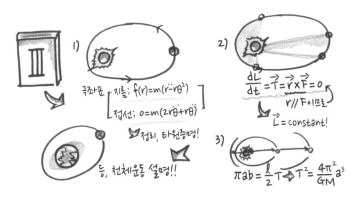

이 세 권의 책 가운데 우리가 과학 수업에서 배우는 '운동'에 관한 개념들은 1권에 등장합니다. 『프린키피아』 1권이 세상에 나오기 전까지 그동안 알려지지 않았던, 그러나 지금 우리에게는 너무나 익숙한 개념들이 어떤 것이 있는지 소개해보겠습니다.

✛ '힘'이라는 개념의 정식 등장

먼저, 뉴턴은 물체가 가지고 있는 고유한 양의 정도를 나타내는 물리량, 즉 **'질량'**이라는 개념을 만들어냅니다. 질량은 어떤 특정한 공간 내에 얼마큼 빽빽하게 물체가 밀집해 있는가를 나타내는 물리량으로, 그 값은 **물체의 밀도에 부피를 곱한 만큼**으로 정의합니다.

다음으로, 물체가 자신의 운동 상태를 유지하려는 경향성의 크기, 즉 '질량'을 가진 물체가 얼마만큼의 속력으로 어느 방향을 향해 움직이는지를 나타내는 물리량을, 기존에 사용하던 '임페투스'를 대체하는 새로운 물리량인 **'운동량(Momentum, 모멘텀)'**이라고 정의했습니다. 그 크기는 질량에 속도를 곱한 만큼으로 정의했습니다.

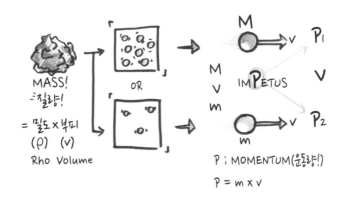

이밖에도 물체가 이미 가지고 있는 운동량을 유지하려는 성질을 만들어주는 요인, 좀 더 쉽게 말해 움직이는 상태 또는 정지한 상태를 유지하고자 하는 성질을 결정해주는 요인을 '질량'으로 보았으며, 바로 이 질량이 큰 물체일수록 현재의 운동 상태를 유지하려는 성질, 즉 **'관성'**이 커진다고 설명했습니다. 마지막으로 뉴턴은 물체가 움직이거

나 정지하기 위해서, 즉 '운동량'을 바꾸기 위해서는 외부의 요인이 반드시 존재해야 한다고 생각했으며, 이 요인을 **'힘(Force)'**이라는 개념으로 새롭게 만들어내게 됩니다.

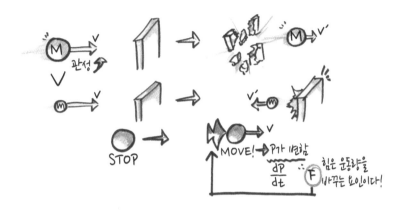

질량과 운동량, 그리고 **관성과 힘!** 이 모든 개념 가운데 『프린키피아』 1권에서 가장 비중 있게 다뤘던 개념은 '힘', 그중에서도 물체의 운동 방향'만' 지속적으로 바꿔주는 힘인 **구심력**입니다. 이 구심력이야말로 천상계와 지상계의 운동을 하나의 원리로 설명할 수 있는 놀라운 비밀을 가지고 있다고 생각했기 때문이죠. 사과나무에서 사과는 지구로 떨어지지만 달은 떨어지지 않는 이유를 설명해주는 근원적인 요인! 잠시 뉴턴이 밝힌 구심력을 공을 이용해 들여다볼까요?

✚ 뉴턴은 어떻게 '공전 현상'을 설명했을까?

자, 여기 지면 위에 '쿠키'가 서 있습니다. '쿠키'의 손에는 공이 들려 있습니다. 이제 이 공을 떨어뜨려 보겠습니다. 공은 자유낙하를 하며 발밑으로 떨어지게 됩니다. 이번에는 앞으로 공을 던져보도록 하겠습니다. 수평으로 던져진 공은 중력의 영향 때문에 아래로 점점 방향을 바꾸다가 이내 떨어지게 됩니다. 조금만 더 빠르게 공을 던져볼까요? 이번에는 아까보다 조금 더 멀리 이동했지만 결국 아래로 떨어지게 됩니다. 조금씩 더 빠르게 던져보면서, 이번에는 아주 재미있는 트릭을 하나 더 넣어보려고 합니다.

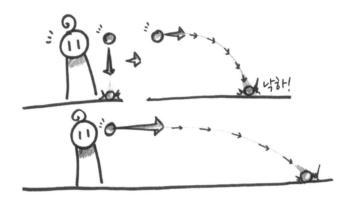

공이 땅에 닿기 직전에 공과 수평한 방향으로 지면을 아래로 내려봅니다. 내려간 지면 위로 공이 또 떨어지려고 하면, 또다시 지면을 내려봅니다. 이렇게 공은 앞으로, 그리고 아래로 계속 이동하게 되고, 지면을 내리는 일을 반복하다 보면 결국 우리는 어떤 특정한 지면 위에 서 있는 형태가 됩니다. 그렇습니다! 바로 구형 공간, 우리가 살고 있는 '지구'가 되는 것입니다! 빠르게 던진 공은 이 지구 주위를 계속해서 떨어지면서 빙빙 돌게 됩니다. 궤도 운동을 한다는 것은 본질적으로 떨어지는 운동인 것입니다!

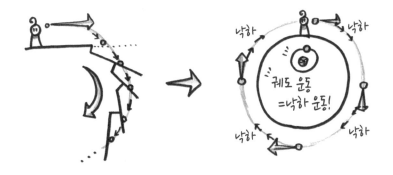

✚『프린키피아』, 또 무엇을 설명할 수 있을까?

이러한 설명을 포함해서『프린키피아』를 통해 밝혀낸 뉴턴의 운동 3법칙은 다음과 같습니다.

제1법칙은 **관성의 법칙**으로, 질량을 가진 물체가 외부로부터 힘을 받지 않는다면 그 물체는 자신의 운동 상태를 유지하려 한다는 법칙입니다. 탁자 위에 있는 식탁보를 빠르게 뺐을 때 접시들이 식탁 위에 이동 없이 그대로 남아 있을 수 있는 이유라든지, 버스가 갑자기 급정거하게 되었을 때 몸이 앞으로 쏠리는 이유도 바로 이 '관성의 법칙'에 의해 설명할 수 있습니다.

제2법칙은 **가속도의 법칙**으로 앞선 제1법칙에서의 조건, 즉 '힘을 받지 않는' 상황의 반대 상황인 '외부로부터 힘을 받은' 물체는 운동 상태가 바뀌게 된다는 내용을 담고 있습니다. 이를 수학적으로 정리하게 되면, 운동 상태를 나타내는 물리량인 운동량이 시간에 따라서 어떻게 변하는지를 나타내는 값, 즉 시간당 운동량의 변화량(dp/dt)으로 서술되게 됩니다. 뉴턴이 분석하는 물체의 질량은 변하지 않는다는 전제를 두기 때문에 이를 수학적 과정을 이용해 조금 더 정리한 공식이 바로 'F=ma'입니다. 우리가 흔히 물리 시간에 '이것만 알면 된다'라며 배우는 바로 그 공식, 가속도 공식인 것입니다! 사실 F=ma라는 표현은 뉴턴이 『프린키피아』를 통해 만든 것은 아닙니다. 이 식은 스위스의 수학자이자 자연철학자인 레온하르트 오일러(Leonhard Euler)에 의해 뉴턴역학을 좀 더 깔끔하게 정리하는 과정에서 만들어진 수식입니다.

마지막 제3법칙은 **작용-반작용의 법칙**으로, 어떤 물체에 힘을 가한 물체는 반드시 가한 만큼의 힘을 대상 물체로부터 되돌려 받는다는 내용을 담고 있습니다. 혹시 영화 〈인터스텔라〉를 본 적 있나요? 천체물리학의 이론적 고증을 오롯이 잘 그려낸 작품이라 평가받고 있는데, 이 영화에서 '**인류가 진일보하기 위한 유일한 방법은 무언가를 뒤로 떠나보내는 것이다**'라는 대사가 등장합니다. 뉴턴 제3법칙에 포함된 물리적 속성을 그대로 드러낸 명언이라고 할 수 있습니다.

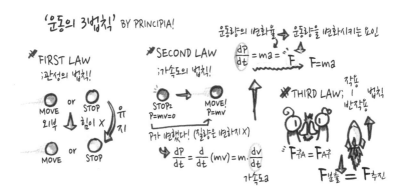

✚ 우리가 미분을 배우는 이유

무려 2,000년 동안 서양 사람들의 사고관을 완벽하게 지배해오던 천상계의 운동을 뉴턴은 이 『프린키피아』를 통해 자신의 법칙으로 지상에서 일어나고 있는 운동과 동일한 원리로 설명하는 혁신적인 발견을 이끌어냈습니다. 바로 이 발견이, 모든 만물은 끌어당김의 힘을 가지고 있다는 '**만유인력의 법칙**', 또는 '보편 중력의 법칙'입니다. 그리고 이 법칙을 증명하려면 '힘'이라는 물리량을 만들어내는 데 필요한 수학적 도구, '**미분**'이 꼭 필요합니다. 때문에 우리는 인류의 유산으로서, 다양한 학문의 시작점으로서 미분을 공부하고 있는 것이랍니다.

과학사를 연구하는 이들은 뉴턴을 평가할 때 흔히 '근대 역학을 완성한 자연철학자'라는 수식어를 붙여줍니다. 그만큼 뉴턴의 이 같은 발견은 몇 세기를 초월하는 실로 놀라운 발견이 아닐 수 없습니다.

한편, 그가 이러한 성과를 거둘 수 있었던 이유에는 당시의 문화와 사회적 분위기도 한몫 차지했음을 과학사를 통해 들여다볼 수 있습니다. 고대 그리스로부터 이어진, 수학으로 세상을 설명해야 한다는 학풍인 신플라톤주의, 세상이 거대한 진리의 기계라고 생각하는 철학 사조인 데카르트의 기계론적 세계관, 그리고 코페르니쿠스 혁명과 갈릴레이의 운동학, 케플러의 행성 운동의 3법칙이 없었다면 뉴턴의 이 빛나는 업적이 탄생하지 못했을 것입니다.

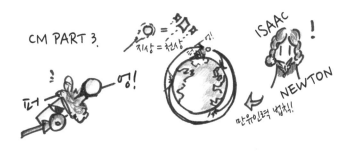

뉴턴은 자신의 연구 성과에 대해 오늘날에도 심심찮게 인용되는 유명한 문장을 남겼습니다.

"내가 남들보다 더 멀리 보았다면, 이는 거인들의 어깨 위에 올라서 있었기 때문입니다."

자신의 업적을 이루는 데 든든한 버팀목이 되어준 선대 과학자들에게 크나큰 경외감을 느끼고선 이렇게 표현한 것은 아닐까요?

4. 뉴턴 이후의 물리학, 더욱 세련되게 발전하다

'만유인력의 법칙'을 발전시킨 자연철학자들의 이야기

    드디어 인류는 뉴턴의 『프린키피아』를 통해 '절대적이고 거대한 우주를 움직이게 만드는 단 하나의 섭리'를 얻게 되었다고 생각했습니다. 철학자 르네 데카르트의 가장 커다란 바람이었던, 이 세상을 가동시키는 단 하나의 절대적 원리를 뉴턴이 찾아냈다고 생각했던 것이죠.

    하지만 생각처럼 쉽지만은 않았습니다. 뉴턴의 『프린키피아』는 분명 위대한 책이고, 그 설명 체계는 아직까지도 수많은 과학서나 교과서에 응용되고 있지만, 『프린키피아』가 미처 설명하지 못했던 부분들이 우리 자연에 정말 많이 존재하고 있었으니까요. 그래서 뉴턴 이후의 자연철학자들은 결심합니다. '뉴턴'이 발견해낸 이 위대하고도 놀라운 원리를 좀 더 세련되게 가다듬어야겠다고 말이지요. 그것을 통해 더욱 우리의 우주를 이해해보자고 말이에요!

    클래식 역학의 마지막 장에서는 바로 '만유인력의 법칙'을 업그레이드하기 위해 노력했던 자연철학자들과 그들을 통해 우주를 더욱 깊게 이해하는 심오하고도 놀라운 과정을 들여다보겠습니다.

✛ 오일러, 뉴턴역학을 한층 세련되게 가다듬다

뉴턴역학을 한 단계 업그레이드한 자연철학자를 꼽을 때 절대 빠질 수 없는 인물이 있습니다. 바로 스위스의 보물과도 같은 수학자이자 철학자, **레온하르트 오일러**입니다. 오일러는 뉴턴역학에서 일어나고 있는 물체들의 운동을 좀 더 깔끔한 수학식으로 정리했는데, 『프린키피아』에서 사용된 미적분을 현재 우리가 사용하고 있는 형태로 개편하는 데 큰 역할을 해냈습니다.

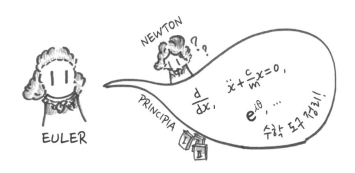

그런데 사실 오일러는 과학을 모르는 사람이라도 한 번쯤은 들어보았을 법한 수학 문제를 통해 더 친숙한 인물입니다. 잠시 과학은 덮어두고 다음 문제를 함께 풀어볼까요?

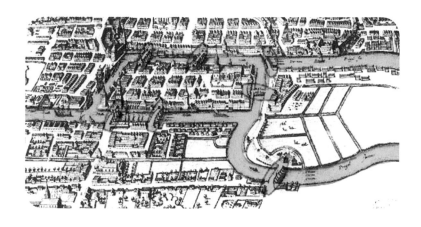

앞의 그림은 프레겔 강이 흐르는 쾨니히스베르크의 다리를 표현한 것입니다. 보시다시피 강에는 일곱 개의 다리가 연결되어 있습니다. 자, 여기서 문제입니다. 이 일곱 개의 다리를 '딱 한 번씩'만 건너서 모든 다리를 건너려면 어떻게 해야 할까요? 어서 찾아보세요!

찾으셨나요? 사실 이 문제는 '한붓그리기'로 더 잘 알려진, **오일러 경로 문제**입니다. 이 문제의 답을 처음으로 제시한 자연철학자가 바로 레온하르트 오일러이기 때문에 붙여진 이름이지요. 오일러는 모든 연결점을 한 번씩 전부 통과하려면 반드시 연결점과 연결된 길의 수가 짝수여야만 한다고 답했습니다. **만약 홀수인 점이 존재한다면, 그 점은 반드시 두 개가 되어야 하며, 역시나 반드시 시작점 또는 끝점이 되어야 한다고** 했습니다. 이를 통해 오일러는 당대 많은 자연철학자가 증명에 실패했던 쾨니히스베르크의 다리 문제를 '오일러 경로'를 통해 **'애초부터 불가능한 문제'**로 결론지으면서 성공적으로 해결할 수 있게 된 것이죠.

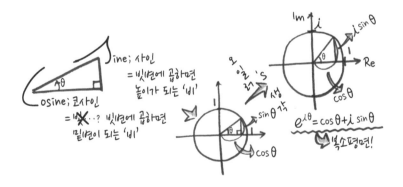

오일러는 미분법과 대수학에도 매우 관심이 많았습니다. 삼각함수의 방법을 확장시켜 실제 세상에서는 존재하지 않는 가상의 수, 즉 허수를 이용해 가상공간을 통해 수학의 논리를 확장시킬 수 있는 기적의

방법인 '오일러 공식'을 만들어냈습니다. 이 공식을 통해 우리는 실제 존재하는 영역에서 표현되는 현상들을 가상공간의 도움을 통해 분석할 수 있는, 복소평면이라는 아이디어를 만들 수 있게 되었습니다.

✚ 회전에 필요한 물리량, 텐서 해석!

이외에도 오일러는 뉴턴이 이야기한 만유인력, 즉 질량에 의해 만들어지는 힘을 분석할 때 이용했던 개념인 질량 중심의 방법을 더욱 확장시켜 활용했습니다. 질량의 분포가 기묘하게 퍼져 있는 대상일지라도 그 대상의 회전 운동을 효과적으로 분석할 수 있는 방법인 **텐서 해석**을 통해 물체를 분석하는 오일러 운동 방정식을 만들어내기도 했습니다.

스마트폰의 세로 화면을 가로로 회전시킬 때처럼, 어떤 하나의 면을 축으로 잡아서 회전시키는 건 정말 쉽게 된다는 걸 알 수 있습니다. 하지만 기묘하게도, 약간 어긋난 축으로 회전시키려 하면 잘 되지 않습니다. 이걸 조금 어려운 말로 '**회전 관성의 대각화**'라고 합니다. 회전 관성이 공간을 이루고 있는 축들에 대해서 간섭하지 않는 상태라는 의미입니다. 오일러는 이러한 대각화를 통해 질량이 다양하게 퍼져 있는 대상, 강체역학을 효과적으로 해결할 수 있는 방정식을 뉴턴역학의 지식을 통해 고안해내고 만들어낸 것이죠!

사실 오일러의 업적은 이외에도 너무 많아서 모두 언급하기가 버거울 정도입니다. 이번에는 이런 오일러와 동시대를 살면서 서로의 성과를 토론하며 긴밀하게 지냈던 프랑스의 한 자연철학자를 소개하려고 합니다. 그 수학자는 바로, 공대생이라면 절대 모를 수 없는 수학자 **조제프 루이 라그랑주**(Joseph Louis Lagrange)입니다!

✚ 라그랑주, 새롭게 대상을 분석하는 변분법을 만들어내다!

조제프 루이 라그랑주! 그는 핼리혜성으로 유명한 핼리의 논문을 읽고 천체의 운동을 수학적으로 기술하는 방법에 대해 매력을 느껴 이에 대해 많은 연구를 했습니다. 뉴턴의 『프린키피아』와 오일러의 다양한 성과들을 놀라울 정도로 깔끔하게 한 권의 책으로 정리함과 동시에, 최초로 변분법을 고안해낸 수학자이기도 합니다. **변분법**(Calculus of Variations)이란, 자연에서 일어나고 있는 다양한 현상들이 어느 특정한 경로를 따라 A에서 B로 진행하는 과정의 다양성을 얻어내는 방법이라고 이야기할 수 있습니다. 가장 일반적으로는 양극단, 즉 **최대한의 경로와 최소한의 경로를 분석하고 연구하는 수학적 방법**을 의미합니다.

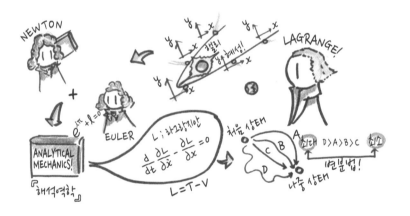

이 변분법은 약 반세기 뒤에 등장한 물리학자 윌리엄 해밀턴(William Hamilton)에 의해 최소 작용의 원리로 확장 및 정교화되면서 더욱 많은 자연현상을 물리적으로 설명할 수 있는 아이디어를 제시하게 되었습니다. 예를 들어, '페르마의 마지막 정리'로 유명한 프랑스의 수학자 페르마(Pierre de Fermat)가 이야기한 빛의 진행 경로, 즉 빛은

가장 최단 시간이 되는 경로만 선택한다는 원리인 '페르마의 원리' 또한 해밀턴의 최소 작용의 원리인 '**해밀토니안**'으로 얼마든지 설명할 수 있습니다. 이는 빛을 매개로 힘을 주고받는 대상들, 즉 '전자기력'으로 상호작용하는 모든 대상에 적용될 수 있다는 것을, 물론 이 당시에는 몰랐지만 가까운 미래에 암시하게 됩니다. 그렇습니다! 양자역학을 기술하는 기본 아이디어가 바로 여기에서 탄생하게 된 것입니다!

+ 움직임의 간섭을 분석하는 운동론, 섭동!

이밖에도 라그랑주는 운동에 개입하는 소소한 요인들을 면밀하게 들여다보는 이론인 '**섭동론**(Perturbation Theory)'을 도입해 3체 이상의 천체가 궤도 운동을 하는 동안 받을 수 있는 간섭 효과에 대한 연구를 '뉴턴역학'을 기본 바탕으로 진행했습니다.

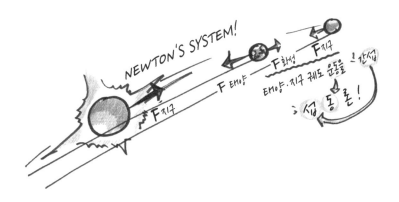

이를 통해 서로의 영향이 가장 미약하게 작용하는 아주 특별한 다섯 개의 공간, 라그랑주 점을 찾아내기도 했죠.

게다가 라그랑주는 「정형화된 달에 대한 공식에 관하여」라는 논문을 통해 최초로 '**퍼텐셜**(Potential)'이라는 개념을 도입한 자연철학자이기도 합니다. 일상에서 종종 '포텐 터진다'라는 말 사용하고 있죠?

그 '포텐'이라는 말을 처음으로 고안해낸 슈퍼 인사이더가 바로 라그랑주입니다. 하지만 사실 라그랑주는 상당히 내성적이고 조용한 성격의 소유자였다고 하니, 활동적인 인싸와는 전혀 다른 느낌이라고 할 수 있겠네요!

이렇게 다양한 업적들을 남긴 라그랑주이지만, 역시나 그의 최고 업적으로 꼽을 수 있는 것은 그의 저작 『해석역학』입니다. 그가 연구한 역학들을 꾹꾹 눌러 담아 한 권으로 담은 이 책은 물리학과 공학을 전공하는 학생이라면 한 번쯤 필수교재로 공부해봤을 겁니다. 현재까지도 개정 및 재집필되어 고전물리 수업에서 필수적으로 쓰이는 바이블 같은 교재입니다.

회전운동을 하고 있을 때 필연적으로 발생하게 되는 기묘한 관성력인, 훗날 귀스타브 코리올리(Gaspard-Gustave Coriolis)에 의해 밝혀지게 된 코리올리 효과를 포함해, 가속하고 있는 공간에서 발생하는 관성력에 관한 내용 또한 이 책에 아주 잘 정리되어 있습니다. 그리고 한 과학자는 이를 이용해 회전 운동을 하는 공간에서의 관성력을 수학적으로 자세하게 들여다보다가 지구의 자전에 의해 발생하는 효과를 이용해 역학적으로 지구의 자전을 증명할 수 있는 방법을 고안해내게 됩니다. 그가 바로 빛의 속도를 측정한 것으로 유명한 과학자, **레옹 푸코**(Léon Foucault)입니다.

✚ 레옹 푸코, 지구의 자전을 독특한 방법으로 증명해내다

푸코는 적도를 제외한 지구 위의 어느 공간에 있더라도 지구의 자전을 증명할 수 있는 실험 방법을 고안해내는 데 성공하게 됩니다. 그 방법은 바로, 외부로부터 영향을 받지 않을 만한 크기의 진자를 바람이 없는 공간에 설치하는 것입니다. 푸코는 1851년, 프랑스 팡테옹의

돔 내부에 길이 67m의 실을 내려 28kg의 추를 매달아 흔들었는데, 시간이 지남에 따라 진자의 진동면이 점점 회전하는 현상을 관찰하게 됩니다. 일반적인 상식으로 중력과 장력밖에 작용하지 않는 추가 회전한다는 것은, 반대로 이야기하면 지면이 회전한다는 것을 뜻합니다. 이를 통해 지구의 자전을 증명해내게 된 것입니다!

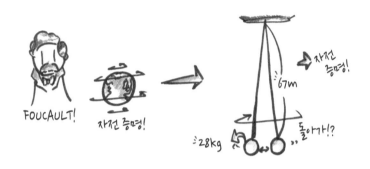

✚ 해왕성 예측? 뉴턴역학, 천문학에서 쾌거를 이루다

한편, 뉴턴의 여러 성과는 천문학에서도 빛나는 성과를 만들었습니다. 독일 출신의 작곡가이자 천문학자인 **윌리엄 허셜**(William Herschel)은 토성 바깥에 있는 행성인 천왕성을 관측을 통해 발견하게 됩니다. 그런데 뭔가 이상한 점을 발견합니다. 천왕성의 궤도 운동이 뉴턴과 라그랑주의 『해석역학』이 서술하고 있는 움직임과 매끄럽게 맞지 않는 모습을 보였던 것입니다. 이에 허셜은 무언가 천왕성의 움직임을 방해하는 요인이 있을 것이라는 가설을 세우게 되죠.

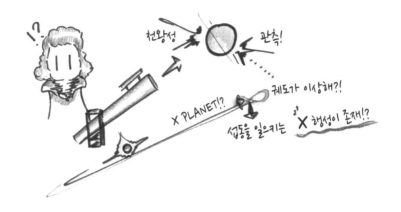

놀랍게도 허셜은 **적외선을 최초로 발견**해낸 과학자이기도 합니다. 여러 가지 필터를 이용해 태양의 흑점들을 관찰하는 실험을 했던 허셜은 기묘하게도 빨간색 필터를 쓸 때 망원경의 경통에 더 많은 양의 열이 발생한다는 것을 깨닫게 된 것입니다. 이에 허셜은 프리즘을 통과시킨 빛들의 각 영역에 온도를 재어서 어느 색의 빛이 가장 온도를 잘 전달하는지를 알아보는 실험을 설계했습니다. 이 실험을 통해 적색의 바깥 부분, 즉 우리 눈으로는 보이지 않는 영역의 그 무언가가 열을 가장 많이 운반한다는 사실을 깨닫게 됩니다. 이를 통해 허셜은, 우리 눈에 보이지 않는 전자기파인 적외선을 최초로 실험적으로 발견하게 된 것입니다.

다시 천왕성 이야기로 돌아와서, 결국 허셜이 관측한 천왕성의 불안정한 궤도는 뉴턴과 라그랑주의 『해석역학』의 도움을 통해 천왕성 바깥에 무언가 알 수 없는 행성이 존재할 것이라는 예측으로 이어지게 됩니다. 19세기 초반에 활동했던 프랑스 출신 수학자 위르뱅 르 베리에(Urbain Le Verrier)는 천왕성 밖에 자리한 X행성의 궤도를 정밀하게 수학적으로 계산해내는 데 성공하게 됩니다. 이를 통해 X행성은 요한 고트프리트 갈레(Johann Gottfried Galle)와 하인리히 다레스트(Heinrich

Louis d'Arrest)에 의해 정말 놀랍게도 예측된 궤도에서 약 1도 정도 벗어난 위치에서 드라마틱하게 관측됩니다! 우주의 섭리가 정말 놀라울 정도로 무섭게 들어맞는, 클래식 역학의 빛나는 성과의 순간을 맞이하게 된 것입니다!

이에 르 베리에는 한술 더 떠서 수성의 세차 운동에 대해 연구를 시작했습니다. 지속적으로 공전 궤도면을 조금씩 바꾸며 움직이는 수성의 세차 운동은 당시 천문학의 정밀 관측 결과로 볼 때 상당히 기묘했습니다. 이에 대해 '수성 안쪽에 또 하나의 궤도를 가진 천체인 벌컨(Vulcan)이 있어서 그 천체가 수성의 궤도를 교란시킨다'는 '벌컨' 가설을 주장하기에 이르게 됩니다. 하지만 안타깝게도 벌컨은 존재하지 않았고, 이는 뉴턴역학의 논리로는 설명이 불가능한 기묘한 현상으로 치부되어 물리학의 여러 난제 가운데 하나로 남게 됩니다.

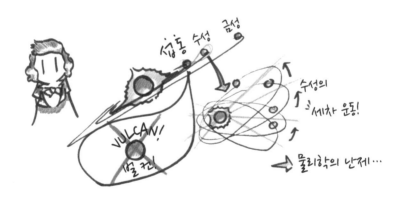

+ 뉴턴역학은 영원히 진리로 남을 수 있을까?

이렇게 뉴턴역학은 당대 수많은 자연철학자와 수학자에 의해 우주와 자연을 설명하는 하나의 절대적인 자연법칙으로 약 200년 동안 계속 세련되고 날카롭게 자신의 권위를 유지해갔습니다. 시대는 계속해서 발전했고, 뉴턴역학 이후 힘을 연구하는 여러 분야의 학문들은 자신들의 위치에서 여러 성과를 거두며 발전하기 시작했죠. 19세기 후반, 마침내 맥스웰(James Clerk Maxwell)은 전기적 현상과 자기적 현상을 하나의 학문으로 통일해내면서 전자기학이라는 학문의 지평을 열게 되었고, 그 안에서 실제로 전류를 만들어내는 대상인 '전자'가 J. J. 톰슨(Joseph John Thomson)에 의해 발견되면서 더 이상 전류는 단순한 전기적 현상이 아니라, 라그랑주와 해밀턴이 분석했던 방식인 '뉴턴역학'으로서 분석할 수 있을 만한 실마리를 얻게 되었습니다.

그런데 이 시점에서 심각한 문제가 발생하게 됩니다. 전자의 운동을 역학적으로 분석하려고 시도하기만 하면 맥스웰 방정식과 일치하지 않는다는 문제점이 바로 그것이었죠. 이 문제를 천재적인 직관과 논리로 해결함과 동시에 기존 뉴턴역학의 한계를 극복해낸 과학자가 바로 우리가 너무나 잘 알고 있는 과학자인 알베르트 아인슈타인(Albert Einstein)입니다. 1905년에 발표된 그의 논문을 통해, 드디어 절대적 진리로만 여겨졌던 '뉴턴역학'의 시대는 종언을 고하게 되고 새로운 **'상대론적 역학'**이 등장하게 됩니다. 그리고 이는 뉴턴역학의 논리로는 설명하지 못했던 난제, 수성의 세차 운동을 완벽하게 설명해낼 수 있는 이론의 탄생으로 이어지게 됩니다!

이 이야기를 시작하기에 앞서, 먼저 우리는 전기학과 자기학이 어떻게 성립할 수 있었는지, 또 이 학문의 발전이 새로운 역학을 탄생시키는 데 어떻게 일조하게 되었는지에 관한 역사 이야기, 전자기학의 역사 이야기를 들여다볼 필요가 있답니다.

대체 빛의 속도를 어떻게 알아냈을까?

　과학을 공부하다 보면 누구나 한 번쯤 품어봤을 법한 궁금증이 생깁니다. 다름 아닌, 빛의 속도를 뛰어넘는 무언가가 있을까 하는 상상이 바로 그것이죠! 이러한 궁금증과 상상은 우리가 알고 있는 과학 지식인 **빛의 속도**에서 시작됩니다. 빛의 속도는 우주를 이루고 있는 만물이 가질 수 있는 속도 가운데 가장 빠르다고 알려져 있습니다. 물질은 절대로 가속을 통해서 빛의 속도를 넘어설 수 없으며, 그 속도는 정확히 299,792,458m/s라고 합니다.

　그런데 여러분, 이렇게 빠른 빛의 속도를 과학자들은 대체 어떻게 측정해낸 걸까요? 아니, 애초에 이렇게 빠른 속도를 측정할 수 있는 도구를 만들 수 있긴 한 걸까요? 그래서 준비했습니다. 빛의 속도를 궁금하게 여겼던 자연철학자들과 과학자들이 대체 어떻게 빛의 속도를 측정해냈는지에 관한 이야기, 광속 측정의 역사를 여러분과 함께 들여다보도록 하겠습니다.

✚ 빛의 속도를 측정하고자 노력했던 고대인들

빛의 속도에 관한 최초의 기록은 고대 그리스의 자연철학자였던 엠페도클레스(Empedocles)의 주장으로부터 시작됩니다. 그에 따르면, 빛은 사물처럼 움직이는 것으로서 모든 사물이 움직일 때와 마찬가지로 이동하는 데 시간이 걸린다고 주장했습니다.

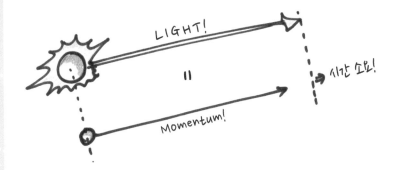

반면, 아리스토텔레스는 빛은 움직이는 것이 아니라 무언가 신적인 존재 때문에 어디에서나 발생하는 것이라고 설명했습니다. 곧이어 프톨레마이오스의 시대에는 사람의 눈으로부터 빛이 나오기 때문에 사물을 볼 수 있다는, 참으로 기묘한 주장이 제기되었습니다.

알렉산드리아의 발명가였던 헤론(Heron of Alexandria)은 이 이론에 기초해 빛의 속도가 무한하다고 주장했습니다. 우주의 머나먼 곳에 존재하는 별 같은 물체를 눈을 뜸과 동시에 바로 볼 수 있다는 것을 무한한 빛의 속도의 근거로 들었습니다. 이후 빛의 속도는 '**유한하다**'와 '**무한하다**'를 두고 자연철학자들 간의 여러 의견 충돌이 지속되면서 이렇다 할 결론에 도달하지 못한 채 시대는 중세를 거쳐 르네상스를 맞이하게 됩니다.

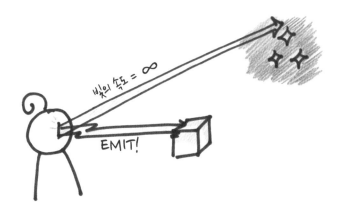

✚ 르네상스 이후의 과학, 빛의 속도를 재기 위한 실험을 설계하다

천문 현상을 기하학적 방법으로 해석하려 했던 17세기의 자연철학자 요하네스 케플러는 우주는 장애물이 없이 텅텅 비어 있는 상태라는 자신의 가설에 대해 확신을 한 뒤부터, 빛의 속도가 유한하다고 믿었습니다. 하지만 17세기를 대표하는 철학자 데카르트는 만약 빛의 속도가 유한하다면 태양–지구–달의 순서로 정렬되면서 일어나는 현상인 월식에 문제가 생기게 되고, 월식 때 행성이 일렬에서 벗어날 것이라며 반박했습니다. 당시에는 행성이 일렬로 정렬한 것인지 아닌지를 알 방도가 없었기 때문에 이러한 주장이 합리적으로 받아들여져 빛의 속도는 무한하다고 널리 알려지게 됩니다.

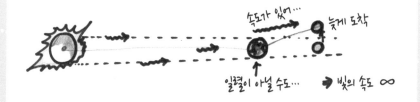

그러나 몇몇 자연철학자들은 빛의 속도를 추적하는 실험을 포기하지 않고 집요하게 그 길을 따라가 연구를 지속했습니다. 1638년, 갈릴레이는 빛의 속도를 구하기 위해 덮개가 있는 등불 두 개를 이용한 실험을 구상하게 됩니다. 이탈리아 피렌체에서 5마일(약 8㎞) 떨어진 장소에 덮개가 있는 등불을 지닌 사람을 배치해두고, 갈릴레이가 먼저 등불의 덮개를 열어 5마일 떨어진 사람이 갈릴레이의 등불을 보게끔 한 뒤, 바로 그 순간 그 사람 또한 덮개를 열어 다시 빛이 갈릴레이에게 도달하는 시간 차를 이용해 빛의 속도를 구하려 했습니다. 하지만 덮개를 여는 순간 5마일 떨어진 곳에서 바로 등불이 보이는 것을 확인받았을 뿐 빛의 속도를 측정하려는 시도는 아쉽게도 실패하게 됩니다.

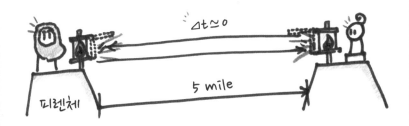

그도 그럴 것이 빛의 속도는 299,792,458m를 1초만에 이동할 만큼 빠른데, 5마일 떨어진 곳이라면 빛이 왕복한다 한들 0.05마이크로초(μs, 1μs=100만 분의 1초)만에 도착하게 될 텐데, 그걸 슈퍼맨이 아니고서야 인간이 인지할 수 있을 리가 없겠죠?

이 때문에 갈릴레이는 만약 빛의 속도가 유한하다면 그 속도는 엄청나게 빠를 것이라고 결론짓게 됩니다. 당시 저명한 실험 물리학자였던 갈릴레이도 측정을 못 했기에 빛의 속도는 결국 무한하다는 것으로 결론이 지어지는 듯했습니다. 그러나 1676년 덴마크의 천문학자

올레 뢰머(Ole Rømer)에 의해 '지구 위에서 측정할 수 없다면, 우주 규모로 끌고 나가면 된다!'는 생각을 통해 빛의 속도를 측정할 수 있는 실마리를 얻게 됩니다.

✚ 빛이 너무 빠르다고? 그럼 우주 규모로 확장하면 되지!

달이 지구의 그림자에 가려지는 월식처럼, 목성 주변을 공전하는 위성 '이오'가 목성의 그림자에 가려지는 식 현상을 관찰하던 뢰머는 놀라운 발견을 하게 됩니다. 바로, 지구가 목성과 가까운 궤도상에 위치해 있을 때 목성의 식 발생 시간과, 목성과 먼 궤도상에 위치해 있을 때 식 발생 시간 사이에 약 22분 정도 시간 차이가 발생한다는 것을 관측을 통해 알아내게 된 것입니다. 따라서, 지구와 태양 사이의 거리만 정확하게 측정해낸다면 L과 K 또는 G와 F의 거리를 이용해 빛의 속도를 계산해낼 수 있는 것이죠.

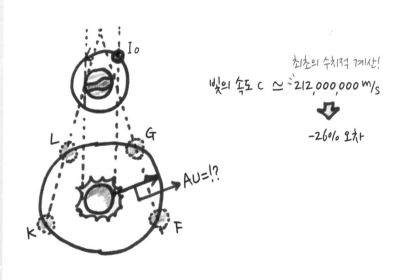

이 방법으로 뢰머가 산출한 빛의 속도는 약 212,000,000m/s입니다. 이는 현재 밝혀진 빛의 속도와 약 26퍼센트의 오차 범위를 가지지만, 최초로 빛의 속도를 정밀하게 수치상으로 측정했다는 데 큰 의의가 있습니다.

이후 1727년, 영국의 천문학자 제임스 브래들리(James Bradley)는 지구의 자전과 공전 때문에 천체의 겉보기 위치가 실제 위치와 차이가 생기는 현상인 **광행차**를 발견하게 됩니다. 광행차 때문에 지구로 입사되어 들어오는 빛이 지구에서 출발했을 때와는 다른 각도로 입사되는데, 이를 통해 태양으로부터 지구까지 빛이 도달하는 데 걸리는 시간이 **8분 12초**라는 사실을 계산해내게 됩니다.

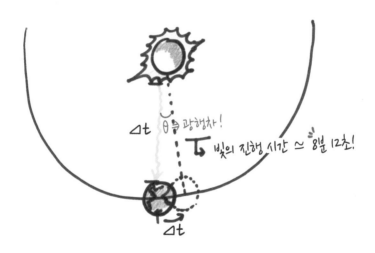

이러한 수식적인 결과들이 도출되자 과학계에서는 빛의 속도는 유한하지만 대단히 큰 어떤 특정한 값을 가지게 된다고 규정하고 좀 더 정밀한 방법을 통해 빛의 속도를 측정하려는 시도를 진행하게 됩니다.

+ 산업 혁명으로 정밀한 실험이 가능해지다

기계 공학 분야가 발달하게 된 산업 혁명 시기에 이르자 과학실험 장비들 또한 기계화가 진행되었습니다. 이에 천문학 분야도 관측 현상에 의존하던 기존과는 달리 좀 더 정밀하게 빛의 속도를 측정할 수 있는 실험을 고안하게 되었습니다. 그 가운데 프랑스의 물리학자 이폴리트 피조(Hippolyte Fizeau)는 회전하는 톱니에 입사된 빛이 반사해 나오도록 설계한 **피조의 톱니바퀴**를 통해 빛의 속도에 상당히 근접한 값을 찾아냈습니다. 톱니에 의해 완벽하게 빛이 가려지는 순간 톱니의 회전속도를 이용해 빛의 속도를 구했는데, 그가 구한 값은 약 313,000,000m/s로 빛의 속도의 4.5퍼센트 오차 범위까지 다가섰습니다.

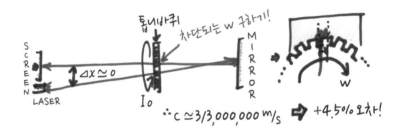

이후, 피조의 동료이자 프랑스 과학자인 **레옹 푸코**는 피조의 방법에 **정밀성**을 더 높여서 톱니바퀴 대신 **회전 거울**을 이용해 빛의 속도를 구했는데, 그 결과 약 298,000,000m/s라는, 빛의 속도에서 오차 범위 0.6퍼센트밖에 벗어나지 않는 기적의 산출값을 구하게 됩니다.

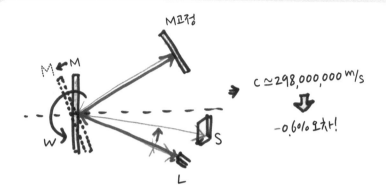

이후, 전기학과 자기학을 수학적 방법을 통해 전자기학이라는 하나의 학문으로 통합한 19세기 천재 물리학자 **제임스 클러크 맥스웰**은 이론 물리학으로 산출한 전자기파의 전파속도를 계산한 값이 푸코가 산출한 빛의 속도와 매우 유사하다는 결과를 얻어냅니다. 이에 **빛은 전자기파의 일종**이라는 결론을 내렸으며, 이때 수식적으로 얻은 빛의 속도 c는 $c = \dfrac{1}{\sqrt{\epsilon_0 \mu_0}}$ 이라는 수식으로 정의하게 됩니다.

Maxwell Eq. 3, 4

3) $\vec{\nabla} \times \vec{E} = -\dfrac{\partial \vec{B}}{\partial t}$

4) $\vec{\nabla} \times \vec{H} = \vec{J} + \dfrac{\partial \vec{D}}{\partial t}$

$\vec{D} = \epsilon_0 \vec{E}$ (진공)

$\vec{B} = \mu_0 \vec{H}$ (자성체 x)

$\vec{\nabla} \times (\vec{\nabla} \times \vec{E}) = \vec{\nabla} \times (-\dfrac{\partial \vec{B}}{\partial t})$

$= -\mu_0 \vec{\nabla} \times \dfrac{\partial \vec{H}}{\partial t}$

$= -\mu_0 \dfrac{\partial}{\partial t} \times \dfrac{\partial \vec{D}}{\partial t}$

$= -\epsilon_0 \mu_0 \dfrac{\partial \vec{E}}{\partial t^2}$

그런데, $\vec{\triangledown} \times (\vec{\triangledown} \times \vec{E})$는 ; $\vec{A} \times (\vec{B} \times \vec{C}) = \vec{B}(\vec{A} \cdot \vec{C}) - \vec{C}(\vec{A} \cdot \vec{B})$

소위, 백캡공식에 의해…

$\vec{\triangledown} \times (\vec{\triangledown} \times \vec{E}) = \vec{\triangledown}(\vec{\triangledown} \cdot \vec{E}) - \vec{E}(\vec{\triangledown} \cdot \vec{\triangledown}) = -\vec{\triangledown}^2 E$

0:이제 미분… 파동방정식 $\vec{\triangledown}^2 \vec{E} = \frac{1}{V^2}\frac{\partial^2 \vec{E}}{\partial t^2}$ 에서 V는 광속!

$\therefore \vec{\triangledown}^2 E = \epsilon_0 \mu_0 \frac{\partial^2 \vec{E}}{\partial t^2}$ $\qquad \therefore V = \boxed{\frac{1}{\sqrt{\epsilon_0 \mu_0}}}$

✚ 빛의 속도, 단위의 기준으로 만들어지다

이후 20세기 중반부터 말까지 빛의 속도를 조금 더 정밀하게 측정하려는 실험들이 계속 이어졌습니다. 미국국립표준국(NBS)에 속한 한 단체의 실험을 통해, 진공에서 빛의 속도 c는 299,792,456.2에 ±1.1m/s라는 오차를 갖는다는 사실이 밝혀졌습니다. 이후 1983년에 개최된 제17회 국제도량형 총회(CGPM)를 통해 **1m의 정의가 빛이 1/299,792,458초 동안 움직인 거리**로 정의됩니다. 이에 자연스레 빛의 속도 c 또한 299,792,458m/s라는 정확한 값을 가지게 됩니다.

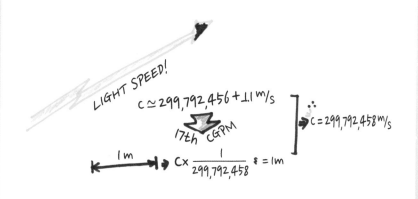

LIGHT SPEED!

$c \simeq 299,792,456 + 1.1\,{}^{m}/_{s}$

17th CGPM

$\therefore c = 299,792,458\,{}^{m}/_{s}$

1m

$c \times \dfrac{1}{299,792,458} s = 1m$

현재 우리가 사용하고 있는 1m의 국제 단위(SI 기본 단위)가 이렇게 빛의 속도라는 불변의 기준점을 바탕으로 만들어지게 되었으며, 빛의 속도 또한 고정된 값으로 자리매김하게 됩니다.

　지금까지 빛의 속도를 측정하기 위한 여정, 광속 측정의 역사와 함께 변하지 않는 값으로 자리매김하게 된 1m가 어떻게 만들어졌는지에 대해 살펴보았습니다. 이런 과학의 역사 이야기를 전달할 때마다 매번 드는 생각이 있습니다. 현재 우리가 만끽하고 있는 찬란한 과학의 문명을 우리는 숨 쉬듯 당연하게 여기고 있지만, 이렇게까지 누리기 위해서 얼마나 많은 과학자의 호기심과 발견이 이어졌을지, 그들의 피땀 어린 노력이 얼마나 많이 쌓였을지 말이지요.

2부

마법의 돌,
인류에게 진짜 마법을
선물하다

전자기학 이야기

1. 호박과 자철석 마법이 새로운 과학을 열다

전자기학의 역사 이야기

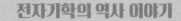

　　과학기술이 고도로 발달된 현대를 살아가는 우리는 숨 쉬는 것만큼 자연스럽게 전자제품들을 사용하고 있습니다. 어두운 밤마다 빛을 밝히는 용도로 사용하는 전등에서부터, 전자레인지, TV, 청소기, 엘리베이터, 지하철 등 정말 다양한 분야와 방면에서 전자기기들을 소비하고 있습니다.

　　그런데 여러분, 혹시 알고 있나요? 1인당 1휴대폰이 당연시되는 요즘에는 상상하기 힘들겠지만, 이러한 현대 문명을 일으킬 수 있게 된 게 겨우 150년 남짓한 짧은 시간이었다는 사실을 말이에요. 그 짧은 시간 동안 어떻게 인류는 이렇게 비약적인 성장을 할 수 있었던 걸까요? 인류가 이렇게 폭발적으로 발전할 수 있었던 계기는 무엇이었을까요? 그 해답을 찾기 위해서는 이 모든 힘을 만들어준 근원을 따라가는 역사 이야기, 전자기학의 역사 이야기를 함께 들여다보아야 합니다.

　✚ 전자기학이란 무엇일까?

　　Electro-Magnetism(전기-자기)! 전자기학이란, 말 그대로 전기학과 자기학을 통합한 학문입니다. 전하로부터 발생하는 전기적 현상과 자석으로부터 발생하는 자기적 현상, 다시 말해 우리가 익숙하게 알고 있는 자석의 N극과 S극, 또는 전기의 +극과 −극이 서로 잡아당기거나 미는 힘인 전자기력을 다루는 학문이죠.

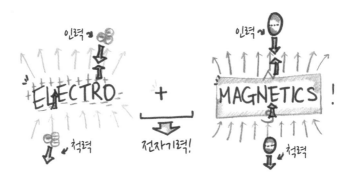

전기를 뜻하는 영단어 일렉트릭(Electric)의 유래는 기원전 600년경, 고대 그리스 현인 가운데 한 사람인 철학자 탈레스(Thales)에게서 시작되었습니다. 어느 날 탈레스는 나무의 수액이 굳어져 만들어진 광물인 호박을 닦던 중에 주변의 조그마한 먼지들을 호박이 끌어들이는 현상을 우연히 관찰하게 되었습니다. 당시에는 태양과 빛깔이 비슷하다는 이유로 호박을 태양신인 '아폴론의 돌' 또는 '태양의 즙'이라고 불렀는데, 고대 그리스어로 태양 광선이 일렉터(Elektor)였기 때문에 호박을 일렉트론(Elektron)이라고 불렀습니다. 그래서 호박이 만든 정전기, 다시 말해 전기에 관한 모든 명칭 앞에 일렉트릭이 붙게 된 것으로 추정하고 있습니다.

한편, 자석을 뜻하는 마그넷(Magnet)의 유래는 그리스 테살리아의 남동부 지역에 위치한 마그네시아(Magnesia) 지방에서 비롯된 것으로 추정하고 있습니다. 마그네시아에서 발견된 마법의 돌이라서 마그넷으로 불리게 되었다는 설이 가장 유력합니다.

ELEKTRON
: 호박의 그리스어
(번역)

MAGNESIA의 돌
↓
MAGNET!

이 두 가지 힘은 접촉하지 않은, 즉 떨어져 있는 공간에서 작용하는 힘이었기 때문에 처음으로 이런 힘을 목격한 고대인들은 이 발견에 꽤 놀랐을 것입니다. 그럼에도 불구하고, 중세 초기까지는 이 놀라운 현상에 대해 탈레스를 포함한 서양 사람들은 별 관심을 가지지 않았던 것 같습니다. 그 이유를 추론해보자면, 당시에는 아리스토텔레스가 주장한 **목적론적 세계관**, 즉 모든 물질은 자신이 이루고자 하는 목적을 가지고 태어난다는 세계관을 이해하고 있기만 한다면 이런 소소한 성질은 별로 놀라울 것이 없었기 때문이죠.

✚ 나침반, 대항해시대를 일으키다

한편, 동양에서는 서양과 달리 자석의 힘에 큰 관심을 보였습니다. 자철광이라고 불렸던 자석의 성질을 유심히 살펴본 고대 중국의 점성술사들은 이를 이용해 새로운 도구를 만들었습니다. 자철광으로 매우 작은 바늘을 만들어 물에 띄워놓거나 자유롭게 움직일 수 있도록 설치해두면, 이 바늘이 늘 특정한 한 방향을 향하게 된다는 사실을 알아냈습니다. 이 같은 성질을 이용해서 풍수지리에서 말하는 좋은 집터를 찾거나 보석을 찾는 데 자철광 바늘을 썼는데, 이것이 바로 우리가 알고 있는 나침반의 모태입니다.

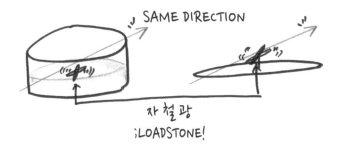

당시의 기술로 꽤 혁신적이었던 나침반은 이후 중세 유럽으로 전파되어 엄청난 활약을 하게 됩니다. 나침반은 악천후로 혼란스러운 바다 한가운데에서도 방향을 알 수 있는 지표가 되었기에, 이를 무기 삼은 서양인들은 바야흐로 대항해시대를 맞이하게 됩니다.

시간이 흘러 **르네상스 시대**에 접어들게 되자 세상을 지배하던 종교의 찬란함이 빛을 잃어감과 동시에 인간의 논리와 이성이 그 자리를 대체하게 됩니다. 이러한 여파가 불어닥치던 17세기 초, 보이지 않는 미지의 힘을 최초로 학문적으로 연구한 자연철학자가 있었으니, 그가 바로 『자석에 관하여』라는 책을 집필한 영국의 의사 출신 학자 **윌리엄 길버트**(William Gilbert)입니다.

✛ 길버트, 최초로 전기와 자기를 학문으로 연구하다

나침반이 항상 북쪽을 가리키는 이유에 대해 사람들은 북극 근처에 매우 강한 자석이 존재하거나, 또는 북극성이 자석으로 만들어졌을 것으로 추측했습니다. 그러나 길버트는 무언가 근본적으로 다른 이유가 있다고 생각했습니다. 이를 검증하기 위해 다양한 실험들을 통해 자석의 여러 성질을 밝혀냈는데, 이 같은 실험 자료를 바탕으로 지구 자체가 커다란 자석이라는 가설을 주장합니다.

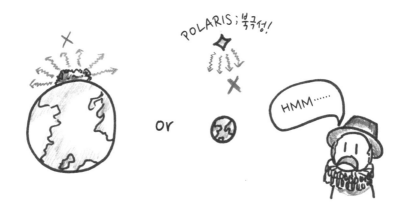

또 길버트는 호박에서 발생한 정전기에 관한 연구도 진행했는데, 호박을 문지르면 주변 먼지가 호박에 붙는 것과 자기장은 같은 것이라면서 정전기를 '호박성', 즉 일렉트리쿠스(Electricus)라고 불렀습니다.

여담이지만, 길버트의 저서 『자석에 관하여』는 길버트 본인이 수행했던 실험을 누구나 재현할 수 있도록 쉽게 기록해두어, 갈릴레이와 케플러 등 후대 학자들의 연구에 큰 영향을 주었다고 합니다. 특히 갈릴레이는 자연현상을 실험적으로 규명하려는 길버트의 노력을 칭송하는 의미로, 자신의 책에 길버트를 '최초의 과학자'라고 칭하기까지 했으니, 그의 영향력이 얼마나 컸을지 유추해볼 수 있겠죠?

✚ 전기력과 자기력을 밝혀내다

17세기를 대표하는 철학자 데카르트는 자연에서 이루어지는 모든 움직임을 우리가 지금 수학 시간에 배우는 x-y좌표, 직각 좌표계 같은 수학식으로 분석할 수 있을 것이라는 실마리를 제공합니다. 이를 토대로 천상에서 운동하는 천체들의 운동법칙이 지상과 동일하게 적용된다는 만유인력의 법칙을 발견한 아이작 뉴턴 덕분에, 세상에 있는 모든 물체의 운동을 수학이라는 언어를 이용해 설명할 수 있을 것이라는 기대감이 널리 퍼졌습니다. 여기에 전기도 예외는 아닙니다.

전기의 정체를 밝히는 실험에 본격적으로 나선 과학자는 영국의 **스티븐 그레이**(Stephen Gray)입니다. 그레이는 1729년부터 마찰로 발생한 전기가 물체를 따라 이동하는 현상을 연구했는데, 그 결과 전기는 양을 측정할 수 없는 두 종류의 흐름이며, 이러한 전기의 흐름이 잘 통하는 물질과 잘 통하지 않는 물질, 즉 오늘날 **도체**와 **부도체**라고 불리는 물질을 구분하는 방법을 처음으로 제시하게 됩니다.

이후 1733년에는 프랑스의 물리학자 **뒤페**(Charles Du Fay)가 전기학의 기초를 다지게 됩니다. 검전기 실험을 통해 유리막대에 명주 형

겊을 문질렀을 때 발생한 정전기를 각각 유리막대에는 **유리전기**, 명주
헝겊에는 **수지전기**라는 이름의 전기로 분류할 수 있음을 발견합니다.
이때 다른 종류의 전기끼리는 잡아당기고, 같은 종류의 전기끼리는 밀
어낸다는 사실을 실험적으로 밝혀냅니다.

    1747년에는 미국의 전기학자 **벤저민 프랭클린**(Benjamin Franklin)
에 의해 공식적으로 두 종류의 전기, 즉 유리전기와 수지전기의 명칭
이 각각 **+극**(유리전기)과 **-극**(수지전기)으로 이름 붙여지게 됩니다. 이
뿐만 아니라 프랭클린은 모든 물질은 이미 전기를 가지고 있으며, 그
물질이 무슨 이유에서든 +전기를 빼앗기게 되면 -극이 되고, -전기
를 빼앗기게 되면 +극이 된다는 주장을 펼치게 되죠.
    프랭클린의 발견 이후, 정전기는 서로 다른 두 가지의 극, N극과
S극이 존재하는 자석처럼 **+전하**와 **-전하**로 분리되게 됩니다.

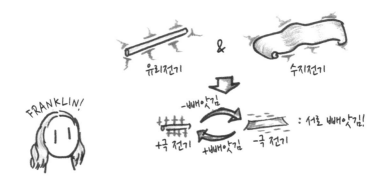

이 두 가지의 힘, 전기력과 자기력은 앞선 뉴턴의 대발견인 만유인력이 보여주었던 것과 동일하게 서로가 서로를 잡아당긴다는 공통점을 가지고 있습니다. 반면, 같은 극이 만나면 서로를 밀어낸다는 독특한 차이점도 가지고 있습니다.

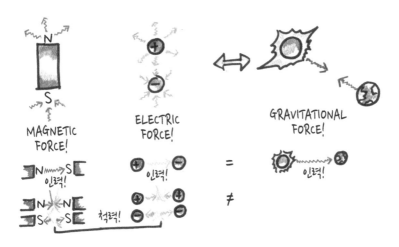

이후 1772년, 영국의 화학자 캐번디시(Henry Cavendish)에 의해 정전기력의 연구가 탄력을 받게 되었고, 선대 과학자들이 발견한 **정전기력**과 **만유인력**의 공통점과 차이점을 유심히 들여다보며 연구한 한 자연철학자에 의해 드디어 인류는 **수학**이라는 도구를 이용해 만유인력

뿐만 아니라 전기력까지 분석할 수 있게 되었습니다. 이 사람이 바로 '쿨롱의 법칙'으로 유명한 자연철학자 **샤를 드 쿨롱**(Charles-Augustin de Coulomb)입니다!

✚ 만유인력인 듯, 만유인력 아닌, 만유인력 같은 전기력!

쿨롱은 금속으로 된 공과 비틀림 저울이라는 실험장치를 통해 정전기가 만들어내는 힘 또한 만유인력과 마찬가지로 떨어진 거리의 제곱에 반비례하고, 두 전하의 곱에 비례한다는 사실을 발견합니다. 이때 수식적으로 밝혀낸 공식이 바로 쿨롱의 힘, 쿨롱의 법칙이며, 이공식은 만유인력의 공식과 매우 유사합니다.

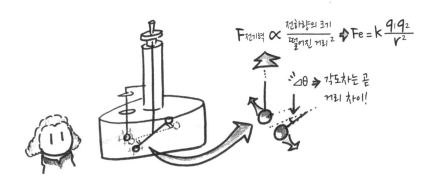

$$F_{전기력} \propto \frac{전하량의\ 크기}{떨어진\ 거리^2} \Rightarrow Fe = k\frac{q_1 q_2}{r^2}$$

$\Delta\theta \Rightarrow$ 각도차는 곧 거리 차이!

이 발견으로 인류는 만유인력의 발견이 있은 지 겨우 100년 만에 전기력 또한 수학적으로 예측할 수 있게 되었습니다. 나아가 만유인력과 매우 유사한 형태를 가지는 이러한 수식을 토대로 우주에 있는 모든 힘이 인류가 밝혀온 이전의 힘과 상당히 유사하며, 대칭적으로 존재하는 것은 아닐까 하는 기대감을 품게 됩니다.

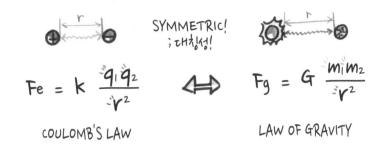

$$F_e = k \frac{q_1 q_2}{r^2}$$

COULOMB'S LAW

SYMMETRIC!
; 대칭성!

$$F_g = G \frac{m_1 m_2}{r^2}$$

LAW OF GRAVITY

✚ 생명체의 몸속에서 전기가 발생한다고!? 갈바니즘과 볼타전지

한편, 전기력이 수학적으로 정립되던 1780년 초에 이탈리아의 한 실험실에서 흥미로운 사건이 일어납니다. 생물학자 **루이지 갈바니**(Luigi Galvani)가 해부실험을 위해 개구리 뒷다리에 메스를 대었더니 놀랍게도 이미 잘려나간 뒷다리가 꿈틀거리는 것을 확인하게 됩니다. 갈바니는 이를 근거로 생명체의 근육 조직이 흥분하게 되면 전기를 발생시킨다는 갈바니즘 이론, 다시 말해 생체전기 이론을 세상에 발표합니다.

그러나 이 실험 결과에 의문을 품은 갈바니의 친구이자 물리학자 **알레산드로 볼타**(Alessandro Volta)는 자신이 독자적으로 행했던 실험

에서 갈바니의 생체전기 이론이 틀렸음을 깨닫게 됩니다. 사실 전기는 개구리의 뒷다리에서 발생한 것이 아니라, 뒷다리를 받치고 있던 수술대와 메스를 구성하는 금속의 특성 때문에 발생한 것이라는 주장을 펼칩니다. 갈바니와 볼타의 논쟁은 20년 동안이나 지속되었는데, 이 덕분에 우리가 화학 시간에 배우는 '이온화 경향성'이 서로 다른 두 종류의 금속을 산성 용액에 넣었을 때 전기를 발생시킬 수 있는 전지, '볼타 전지'가 세상에 선보이게 되었습니다.

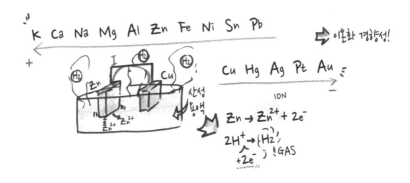

이 볼타 전지의 발견 덕분에 과학자들은 이제까지 연구해오던 대상인 **멈춰 있는 전기**, 즉 정전기뿐만 아니라 **도체를 타고 흐르는 전류** 또한 호기심의 대상으로 삼게 되는 결정적인 계기를 얻게 됩니다. 또, 그전까지 『자석에 관하여』를 집필한 길버트의 주장처럼, 다른 근원을 통해 발생하는 전혀 다른 힘인 줄 알았던 전기와 자기 현상이 정말 놀랍게도 하나로 통합될 만한 결정적인 실마리를 얻게 되는 사건이 발생하게 됩니다. 그 사건은 무엇일까요? 그리고 그러한 사건의 종착역에서 맞이한 놀라운 이야기는 과연 무엇일까요?

2. 움직이는 전기, 놀라운 기적을 만들어내다

전자기학 통합의 역사 이야기

깊은 밤, 가로등이 없는 어두컴컴한 밤길을 걷거나 아름다운 밤바다의 해변이나 바윗길을 걸을 때 우리는 손전등으로 눈앞을 환하게 밝히곤 합니다. 대부분의 휴대용 손전등은 배터리 같은 화학 에너지를 이용해 전기를 공급하는 장치로 작동하도록 설계되어 있습니다. 그런데 이 배터리의 본질적인 원리가 갈바니와 볼타의 논쟁에서 태어난 장치인 볼타 전지의 원리와 같다는 사실, 혹시 알고 계셨나요?

그런데 손전등이나 스마트폰 같은 휴대용 전자기기를 이용해야 하는 상황이 아닐 때는 평소에 어떤 방법으로 전자기기를 이용하고 있나요? 돼지 콧구멍처럼 생긴 플러그에 전자기기를 콕 꼽아서 이용하거나, 스위치를 켜고 끄는 형태로 전기를 이용하는 것이 일반적이지 않나요? 하물며 충전식 배터리를 충전할 때도 플러그를 사용해서 하니까요. 평상시에 너무나 당연하게 사용하고 있는 모든 전기를 건전지나 배터리로 이용한다고 생각해본다면 얼마나 많은 돈과 자원이 낭비될지 상상만으로도 끔찍하지 않나요?

그렇다면 현재 우리가 가정에서 이용하고 있는 전기는 대체 어디에서 어떻게 만들어진 걸까요? 국가 차원에서 엄청나게 큰 볼타 전지를 만들어서, 수억 톤의 화학 물질을 보관할 수 있는 용기를 만들어

놓고, 거기에 수억 톤의 금속을 연결해서 만든 전기를 각각의 가정으로 보내고 있는 걸까요? 그럴 리가 있겠어요! 과거 볼타 전지를 이용해서 전류를 생산할 때와는 달리 우리는 그보다 훨씬 효율적이고 혁신적인 방법으로 전기를 만들어낼 수 있으며, 그러한 방법을 통해 값싸고 편리하게 전기 에너지를 이용할 수 있게 되었답니다! 그리고 그러한 혁신은 움직이는 전기인 전류를 연구하다가 우연히 나침반의 바늘이 전류에 의해 움직이게 된 현상을 알게 된 자연철학자 **외르스테드**(Hans Christian Ørsted)의 이야기로부터 출발하게 됩니다.

✚ 움직이는 전기가 보이지 않는 힘을 만들어내다

한스 크리스티안 외르스테드는 덴마크의 물리학자이자 과학실험 강연가입니다. 어느 날 그는 실험 강연 도중에 볼타 전지에 의해 발생된 전류가 도선 주변에 우연히 두었던 나침반의 바늘을 움직이게 하는 모습을 목격하게 됩니다. 그 강연을 지켜보던 사람들 또한 실험장치에 무언가 커다란 문제가 발생했다고 생각할 정도로 의아해했습니다. 실험 당사자인 외르스테드 또한 무척 당황스러웠지만, 이 놀라운 현상에 대해 호기심을 품고 연구한 끝에 1820년에 아주 놀라운 결과를 발표하게 됩니다.

움직이는 전기가 알 수 없는 원인에 의해 **자기력**을 발생시킨다는 사실을 말이에요!

✚ 외르스테드의 연구, 많은 자연철학자의 이목을 끌다

외르스테드의 놀라운 연구 결과를 접하게 된 프랑스의 물리학자 **앙페르**(André-Marie Ampère)는 이를 바탕으로 19세기 전자기학의 발전에 디딤돌을 쌓게 됩니다. 앙페르는 외르스테드가 발견한 알 수 없는 원인이 발생하게 된 결정적 계기를 '흐르는 전기', 즉 **전류**에 의해서'만' 발생하는 현상으로 규정했습니다. 나아가 기존의 전기학을 멈춰 있는 전기를 연구하는 '**정**'**전기학**으로, 움직이는 전기인 전류를 연구하는 학문을 **전기**'**동**'**역학**이라는 완전히 새로운 학문으로 분류하게 됩니다. 이때부터 본격적으로 전류라는 용어가 학자들 사이에서 사용되었고, 이 공로를 인정받아 훗날 세계 공용 단위 체계인 SI 기본 단위를 정의하는 회의인 '국제도량형총회'를 통해 앙페르의 아이디어를 이용한 전류의 단위를 최초로 정의하게 됩니다. 전류의 단위 이름을 앙페르를 나타내는 '**A**', **암페어**로 명명하게 된 것이죠.

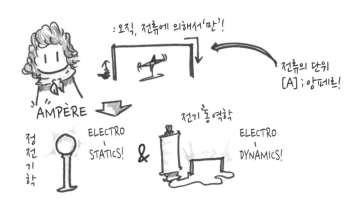

이 당시에 정의된 전류의 기본 단위 1A(암페어)는 두 도선에 전류가 흐를 때 발생하는 힘을 이용해 그 값을 정의했습니다. 면적을 무시할 수 있는 길이가 무한한 두 직선 도선이 서로 1m 떨어져 있을 때, 같은 크기의 전류를 흘려보내게 되면 도선의 1m당 작용하는 힘이 어느 일정한 값(2×10^{-7}N)을 나타낼 때 흐르는 전류의 값을 1A로 정의했습니다.

이밖에도 앙페르는 전류에 의해 발생하는 자기장의 방향을 직관적으로 이해하기 쉽도록 앙페르의 오른손 법칙이라는 재미있는 모형을 제시했는데요, 엄지손가락이 가리키는 방향을 전류로 맞추게 되면 자연스럽게 나머지 네 손가락이 감싸 쥐어지는 방향으로 자기장이 형성된다는 법칙이 바로 그것입니다.

1820년 무렵, 프랑스의 물리학자 장 바티스트 비오(Jean-Baptiste Biot)와 펠릭스 사바르(Félix Savart)는 아주 작은 전류 토막이 만드는 자기력을 수학적 방법으로 계산해낼 수 있는 비오-사바르의 법칙을 발표합니다.

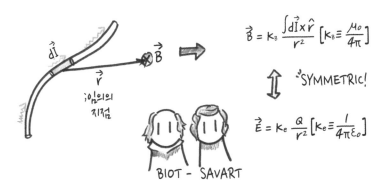

이에 뒤처질세라 앙페르는 비오-사바르의 법칙을 좀 더 기하학적인 아름다움으로 분석할 수 있는 도구인 앙페르 법칙을 만들어냈습니

다. 이를 통해 비오-사바르의 힘이 곧 자기력임을 밝혀내면서, 전류의 힘이 도선 속에 갇혀서만 존재하는 것이 아니라 도선 주변으로 퍼져나가면서 자기력의 형태로 바뀌게 된다는 대담한 가설을 제안하게 됩니다.

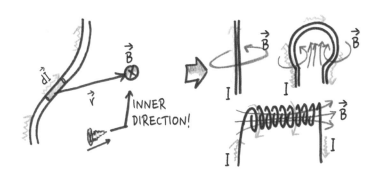

✛ 전류의 힘이 도선 바깥으로 뻗어나간다고?

이 제안은 가히 엄청난 제안이었습니다. 당시 **전기학**과 **자기학**은 당대 과학계에 막대한 영향력을 미치고 있던 **전기화학** 분야의 그늘에 가려져 있었습니다. 그런데 당시 전기화학에서는 전기의 힘은 전류가 흐르고 있는 공간의 바깥으로 빠져나갈 수 없는 힘이라고 주장했기 때문에 앙페르의 법칙은 이를 정면으로 반박하는 가설이었던 것입니다. 쉽게 말해, **그때까지 전기는 도선을 통해서만 힘을 미칠 수 있는 것**이라고 여겼던 것입니다.

시간을 약간 거슬러 올라가 1819년, 당시 전기화학 분야의 대가인 험프리 데이비(Humphry Davy)가 진행하던 강연장에 대장장이 출신 집안에서 태어나 정규 학업을 받아본 적 없는 한 소년이 찾아갑니다. 이 소년은 제본소에서 일하면서 당대 최대의 이슈인 움직이는 전기에 관한 글을 지속적으로 접할 수 있었는데요. 이에 움직이는 전기에 관한 뜨거운 호기심을 조금씩 싹틔우면서 데이비의 강연 내용을 바탕으로 자신의 아이디어와 생각을 정성스레 담은 한 권의 책을 들고 데이비를 찾아가게 됩니다. 이 소년이 바로 현대 전기 문명의 탄생을 일궈낸 물리학자 **마이클 패러데이**(Michael Faraday)입니다!

✚ 제본소의 알바생 출신 자연철학자, 마이클 패러데이

당시의 과학실험 강연은 마치 오페라 관람처럼 귀족들만 특권으로 누릴 수 있던 향유 문화였습니다. 하지만 전기학에 관한 그의 열정에 비하면 이런 한계는 아무것도 아니라는 듯, 결국 그는 데이비의 실험 조수로 발탁되게 되고, 이 놀라운 만남이 패러데이의 인생을 송두리째 바꿔놓게 됨과 동시에 전기학의 역사에 길이 남을 엄청난 발견을 일궈내게 됩니다.

몇 년 후, 앙페르가 발표한 전류가 공간상에 미치는 놀라운 힘에 관한 현상을 데이비가 그의 조수들과 함께 재현해보았습니다. 그동안 도선을 벗어날 수 없다고 생각했던 전기의 힘이 도선을 벗어나 다른 공간 속으로 퍼져서, 그것도 자기의 힘으로 바뀌게 되는 걸 두 눈으로 목격하게 되었으니 다들 놀랄 수밖에요.

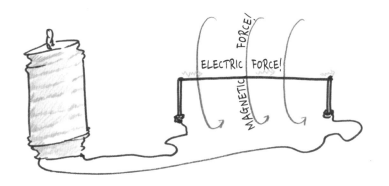

이때 실험을 함께 목격한 패러데이는 '보이지 않는 힘이 전류가 흐르는 공간 전체를 뒤덮고 있는 것이 아닐까' 하는 특이한 가설을 제안하게 되는데요. 데이비를 포함한 그의 조수들은 패러데이의 이 제안을 교육받지 못한 무지함에서 나오는 어리석음으로 간주해버렸습니다.

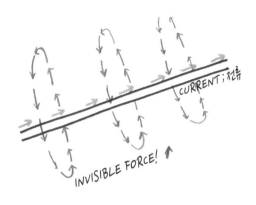

✚ 전동기라는 '기적'을 만들어내다

하지만 패러데이는 포기하지 않았습니다. 자신을 믿고 도와주었던 실험 조수와 함께 전류에 의한 자기 현상을 집요하게 연구한 결과, '전류로 인해 자기력이 발생한다면 자석 근처에 전류를 흘려보내면 어떻게 될까?'라는 기발한 역발상을 떠올리게 됩니다. 이를 통해 전기학 역사 최초로 전기를 이용한 동력장치를 만들어내게 됩니다.

이뿐만 아니라 토로이드(Toroid)라고 불리는, 원형 금속을 둘러싼 코일 양쪽에 한쪽에서 전류를 흘려 자기력을 만들면 다른 한쪽에서 자기력에 의한 전류가 유도되는 현상을 실험을 통해 자세히 들여다보았습니다. 이러한 관측 사실을 바탕으로 패러데이의 법칙이라는, 오늘날 **'전자기 유도 법칙'**으로 불리는 놀라운 법칙을 발견해내게 되죠.

이 법칙을 기반 삼아 테슬라(Nikola Tesla)에 의해 고안된 발전 방식이 바로 우리가 사용하는 전기를 생산하는 교류 발전 방식이며, 이 방법은 현대 전기 문명의 가장 기본적인 공급 원리로 작용하면서 인류의 비약적인 성장의 모태가 되는 기술로 군림하게 됩니다.

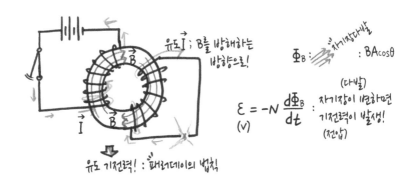

재미있는 사실은, 험프리 데이비 교수가 일궈낸 최고의 과학적 발견이, 전기학에서 놀라운 대발견을 이뤄낸 패러데이라는 인물 자체를 찾아낸 것이라는 이야기도 있답니다. 전기학에 있어 나름 당대 유명세를 떨치던 데이비였지만, 패러데이에게 쏠리는 과학계의 엄청난 관심은 스승에게 시기와 질투를 불러일으킬 만했습니다. 이에 데이비는 패러데이에게 전기학에서 손 뗄 것을 요구했지만 아무리 은인이라도 자신이 사랑하는 전기학을 놓을 수 없었던 패러데이였기 때문에 이 시점에서 둘은 갈라서게 되고, 그로부터 5년 뒤 데이비는 결국 죽음을 맞이하게 됩니다.

데이비는 패러데이의 연구 성과에 대해 시기를 못 참고 무시하는 것으로 일관했다고 하는데, 하지만 패러데이는 데이비 교수가 죽기 전까지 전기학에 관한 자신의 어떠한 논문도 발표하지 않고 조용히 연구만 했다고 합니다. 이런 모습 또한 패러데이의 겸손한 면모를 들여다볼 수 있는 한 장면이 아닐까 싶네요.

✚ 패러데이, 과학 커뮤니케이팅 활동을 전개하다

이후 영국 왕립학회로부터 공을 인정받아 교수직에 오른 패러데이는 데이비 교수와 마찬가지로 전기학을 대중화하기 위해 많은 노력을 기울였습니다. 이 무렵에 '전류가 흐를 때 발생하는 자기력과 자기력이 미칠 때 발생하는 전기력을 대중들이 어떻게 하면 이해하기 쉽도록 만들 수 있을까' 하는 고민에서 착안해낸 것이 바로 '힘선'이라는 개념입니다. 이를 이용해 **'전기력선'**과 **'자기력선'**이라는 전기력과 자기력을 눈에 보이는 형태로 효과적으로 설명할 수 있게 되었으며, 이 개념은 현재까지도 전기력과 자기력을 설명할 때 아주 유용하게 쓰이고 있습니다.

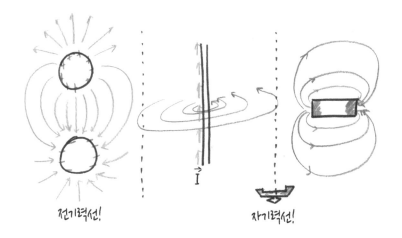

전기력선! 　　　　　　　　　　자기력선!

더 놀라운 것은, 바로 이 전기력선과 자기력선이 일정한 공간에서 서로에게 영향을 미치게 된다면, 서로가 서로를 계속 만들어내서 공간상으로 무한히 퍼져나갈 것이라고 추정했다는 점입니다. 이와 함께 빛 또한 전기력선과 자기력선의 출렁임이 퍼져나가는 것이라는 주장을 강연을 통해 꾸준히 설파했지만 그 누구도 패러데이의 이러한 주장에 귀를 기울이려 하지 않았습니다.

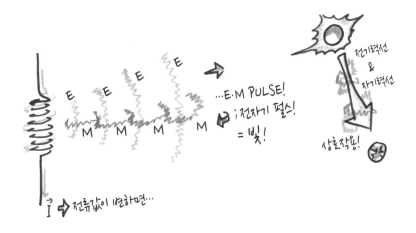

+ 패러데이의 진면목을 들여다본 한 천재 과학자

그로부터 한참 시간이 흘러, 한 젊은 과학자가 패러데이 연구실을 방문하게 됩니다. 그는 패러데이의 전기학에 관한 열정을 동경하며 그 또한 많은 연구를 해왔는데, 이를 바탕으로 패러데이에게 이러한 말을 건네게 됩니다.

"당신의 생각이 옳았습니다. 빛은 전기력선과 자기력선의 진동이었어요!"

모두가 말도 안 된다고 생각했던 패러데이의 주장에 귀를 기울였던 단 한 사람. 이 과학자가 바로, 19세기를 대표하는 천재 이론 물리학자 제임스 클러크 맥스웰입니다. 훗날 전기학과 자기학의 모든 내용을 수학적으로 통일하며 수학의 천재로도 불리게 됩니다. 1873년, 선대의 과학자들이 일궈놓은 업적을 바탕으로 전기학과 자기학은 맥스

웰의 손에 의해 비로소 '**전자기학**(Electromagnetism)'이라는 학문으로
통합되게 됩니다.

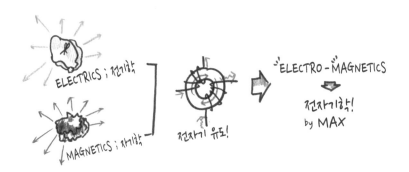

우연히 나침반의 움직임을 발견한 **외르스테드**를 시작으로, 전류
가 만드는 자성을 규명하고자 했던 **앙페르**, 열정을 품고 오로지 한 길
만 걸어가며 수많은 전기와 자기의 상호작용을 규명했던 **패러데이**와
이를 수학적으로 증명해준 **맥스웰**까지. 이 모든 일이 일어났던 1800
년대의 뜨거운 발견의 역사가 지금 우리가 당연하게 누리고 있는 현대
문명의 뿌리와 줄기가 되어 이 세상을 지탱해주고 있다는 사실이 너무
놀랍지 않나요?

이 시점을 기준으로 인류는 전자기학이라는 학문을 더욱 심도 있
게 파고들 수 있는 기반을 마련하게 되면서, 지금까지의 성장 속도보
다 더 폭발적인 속도로 탄력을 받아 발전하게 됩니다. 이러한 폭발적
인 발전을 가능하게 한 맥스웰이 밝혀낸 전자기학의 내용은 무엇이었
을까요? 그리고 패러데이와 맥스웰 사이에 있었던, 전기와 자기를 연
구했던 수많은 과학자들은 과연 어떤 연구를 했었던 것일까요?

▶ 맥스웰의 네 가지 방정식에 대한 이야기

맥스웰은 패러데이의 실험적 연구와 그 외의 많은 과학자의 연구 결과를 바탕으로 전기학과 자기학을 수학적으로 매우 아름다운 네 개의 방정식으로 통일한 인물입니다.

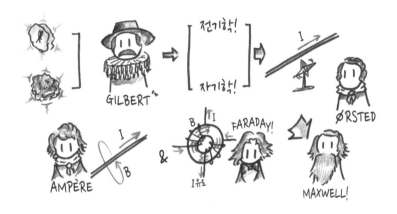

이 놀라운 통합이 일어났던 1876년, 맥스웰은 이 방정식을 이용해 당시에 기술적으로 측정한 빛의 속도와 전자기파의 속도가 같다는 것을 증명하게 되었습니다. **빛 또한 전기장과 자기장의 변화에 의해 퍼져나가는 파동인 전자기파라는 사실을 최초로 예견하게 됩니다.**

그런데 여러분, 궁금하지 않나요? 대체 맥스웰의 이 네 가지 방정식이 무엇이길래, 인류는 이 방정식이 등장한 이후로 이전과는 다른 비약적인 도약이 가능할 수 있었던 걸까요? 그 방정식에는 어떤 비밀이 숨겨져 있었던 걸까요? 바야흐로 1876년! 이전에 행해졌던 모든 전기학과 자기학의 내용을 통일한 놀라운 방정식, 맥스웰의 네 가지 방정식에 대한 이야기를 함께 들여다보겠습니다.

✚ 맥스웰 제1방정식과 제2방정식, 멈춰 있는 전기와 자기를 말하다

먼저 맥스웰의 제1방정식과 제2방정식, 이 두 가지 방정식을 만나볼까요?

The 1st Eq.

$$\oint \vec{E} \cdot d\vec{A} = \frac{Q_{in}}{\varepsilon_0}$$

The 2nd Eq.

$$\oint \vec{B} \cdot d\vec{A} = 0$$

이 두 매력적인 방정식에 관한 내용을 들여다보기 전에, 19세기를 대표하는 천재 수학자로 불린 **가우스**(Carl Friedrich Gauss)와 전류계와 지자기계 등 전기와 자기의 실험값 측정을 가능하게 한 다양한 장치를 고안해낸 과학자 **빌헬름 베버**(Wilhelm Eduard Weber)에 대해 먼저 알아보겠습니다.

"나는 말하는 것보다 계산하는 것을 더 먼저 배웠다"라는 명언을 남기기도 한 가우스는 인류 역사상 가장 위대한 수학자로 꼽힐 만큼 정말 다양한 수학 분야에서 무궁무진한 업적을 남겼습니다. **대다수의 수학자와는 다르게 가우스는 생전에도 이미 유명세를 떨쳤는데,** 그의 천재성과 학문에 대한 열정 때문이었는지 수학뿐만 아니라 과학 전반에까지 막대한 영향력을 끼치게 되었습니다.

가우스는 외르스테드의 발견과 패러데이의 전자기 유도에 관한 실험 자료들을 토대로 빌헬름 베버와 함께 전자석으로 만들어진 전신기를 만들어냈습니다. 이 전신기의 도선은 약 1km 정도였는데, 이는 곧 1km 떨어진 곳에 전기적인 신호를 전달할 수 있는, 인류 최초의 통신 장치를 개발한 것이라고 말할 수 있습니다.

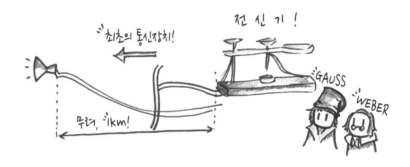

그런데 사실, 가우스와 베버는 전기학보다는 자기장을 연구하는 데 더 초점을 두었으며, 자기장 중에서도 특히 지구가 만드는 자기장인 '지자기'의 원인을 규명하기 위해 노력했습니다. 그리고 이들은 놀랍게도 지구 자기장의 원인을 앙페르의 법칙에 근거한 형태의 가설인 **지구 내부의 핵 대류에 의한 것**으로 추측해냅니다. 이는 현재까지 가장 타당성을 가지고 있는 이론인 다이나모 이론과 아주 비슷한 형태의 가설입니다. 지구 내부를 들여다볼 수 없었던 당시에 참으로 놀라운 직관을 통해 현상을 풀고자 했던 천재 수학자와 과학자의 콜라보레이션이 빚어낸 결과물이란 생각이 듭니다.

이렇듯 가우스와 베버는 전기학과 자기학에 있어서 없어서는 안될 중요한 과학자였으며, 이들의 연구 결과는 맥스웰의 제1, 2방정식으로 탄생하게 됩니다. 거두절미하고 빨리 이 두 방정식을 뜯어보도록 하죠. 이 책을 통해 소개될 내용은 방정식의 표면적 의미만 담았기 때문에 기호나 방정식이 외계어처럼 보일 순 있어도 자세히 들여다보면 많이 어렵지 않습니다. 지레 겁먹지 마시고 천천히 즐겨주세요!

✚ 맥스웰 제1방정식, 전기장의 가우스 법칙!

첫 번째 방정식의 이름은 **전기장의 가우스 법칙**입니다. 수식을 그대로 읽어보자면, 내용은 이렇습니다. 가장 앞에 있는 기호는 '순환 적분'이라고 부르는데, 닫혀 있는 모든 공간을 뜻합니다. 만약 1차원이라면 원을 따라서 만들어지는 선의 길이를, 2차원이라면 구의 겉껍질을 따라서 만들어지는 구 표면을 구한 넓이를 뜻합니다.

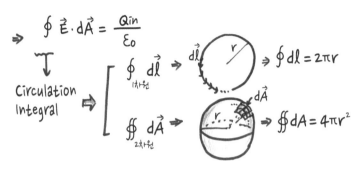

The 1st Eq. ⟹ Gauss' Law ; 전기장의 가우스 법칙!

$$\oint \vec{E} \cdot d\vec{A} = \frac{Q_{in}}{\epsilon_0}$$

Circulation Integral ⟹

$$\oint d\vec{l} \quad \Rightarrow \quad \oint dl = 2\pi r$$
1차원

$$\oint d\vec{A} \quad \Rightarrow \quad \oiint dA = 4\pi r^2$$
2차원

직관적으로 설명하자면, '순환적분 dl'은 거의 0에 가까운 아주 짧은 길이인 'dl'을 따라 무한정 차곡차곡 쌓여 만들어지는 선으로, 반지름의 길이가 r인 원의 길이를 구하라는 의미이므로, **2πr**을 뜻합니다. '**순환적분 dA'**는 거의 0에 가까운 아주 작은 면적인 dA라는 면을 무한정 차곡차곡 쌓아 만들어지는 면인, 다시 말해 구의 겉껍질을 구하라는 의미이므로 **4πr²**을 의미하게 됩니다. 참고로, 여기서 말하는 '순환'의 의미는 한 바퀴 돌아 자기 자리로 돌아온다는 의미를 나타낸답니다. '으아, 적분이 뭐야, 너무 어려워!' 하지 마시고, 그냥 느낌만 살포시 기억해주세요!

$$\oint E \cdot dA = \frac{Q_{in}}{\epsilon_0}$$

위의 식은 도대체 무슨 뜻일까요? 의미는 이렇습니다!

'어떤 임의의 닫힌 공간을 만들었을 때, 그 공간의 표면을 따라 들어오거나 나가는 전기장은 공간 내부의 전하에 의해 결정된다!'

즉, $\oint E \cdot dA = \frac{Q_{in}}{\epsilon_0}$ 의 값이 +이면 전기장이 빠져나가는 방향으로 존재한다는 뜻입니다.

반면 $\oint E \cdot dA = \dfrac{Q_{in}}{\epsilon_0}$ 의 값이 −이면 전기장이 들어오는 방향으로 존재한다는 의미입니다!

이를 바꿔 말하자면, 어느 특정하게 설정한 임의의 공간 속에 $\oint E \cdot dA$ 값이 존재한다는 의미는 반드시 그 공간 내부에 전하가 존재한다는 의미이며, 이는 다시 말해 양전하인 +전하와 음전하인 −전하가 특정한 공간 속에 독립적으로 존재할 수 있다는 의미를 뜻하기도 한답니다. 다시 말해, +와 −는 떨어뜨릴 수 있는, 혼자서 따로 존재할 수 있는 녀석들이라는 의미이지요.

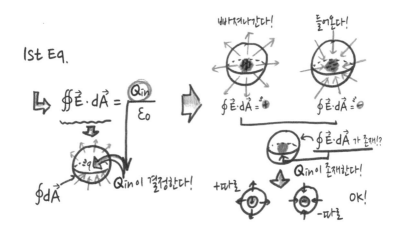

머리가 어질어질하시죠? 머릿속을 하얗게 비우고 난 뒤 이 한 줄만 남기시면 됩니다.

"전기장을 만드는 건 전하이며, 이들은 홀로 존재할 수 있다!"

➕ 맥스웰 제2방정식, 자기장의 가우스 법칙!
그렇다면 제2방정식인 **자기장의 가우스 법칙**은 어떤 내용일까요?

$$\oint B \cdot dA = 0$$

이건 또 무슨 뜻일까요? 이번에는 그냥 우변 자체가 통으로 0과 함께 날아가 버렸습니다.

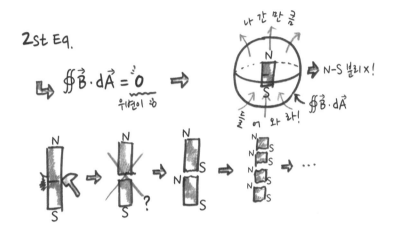

제1방정식과 비교해보면, 두 식은 매우 비슷한 형태라는 걸 알 수 있습니다.

$\oint E \cdot dA = \dfrac{Q_{in}}{\epsilon_0}$ 의 의미는, 전기장이 면을 통해 빠져나가고 들어온 다는 의미로 해석할 수 있다고 했었죠? 그런데 이번에는 좀 경우가 다릅니다.

$\oint B \cdot dA = 0$ 이건 무슨 의미를 가지고 있을까요?

이 방정식은 '어떤 특정한 공간을 잡았을 때, 그 공간 표면을 타고 밖으로 빠져나갔던 자기장은 반드시 빠져나간 만큼 되돌아온다!'라는 의미를 지니고 있습니다. 이게 무슨 뜻이냐면, 제아무리 어떻게 곡면을 잡아도, 반드시 이 자기장이라는 녀석은 빠져나간 만큼 정확하게 다시 들어온다는 의미입니다. 역시나 이 말이 무슨 뜻인지 전혀 모르겠다면, 이번에도 머리를 비우시고 이 한 줄만 남기면 됩니다.

"N극과 S극은 절대로 떨어뜨릴 수 없다!"

어? 이게 무슨 소리일까요? N극과 S극을 떨어뜨릴 수 없다니! 자석의 N극이라고 칠해진 부분과 S극이라고 칠해진 부분을 정확하게 쪼개면 N극과 S극을 분리할 수 있는 것 아니었던가요?!

아닙니다! 자석은 아무리 작게 쪼개더라도 결국 새로운 N극과 S극을 만들어낼 뿐, 절대로 N극 따로, S극 따로 존재할 수 없습니다. 그 이유를 원자의 관점까지 끌고 가서 이해해보자면, 원자 안에서 양자역학에 따라 운동하는 전자가 원자 자체를 하나의 미니 자석으로 만들어주기 때문에, 원자까지 쪼갠다고 하더라도 여전히 원자 자체가 아주 작은 자석의 성질을 띠어서 N극과 S극을 분리해낸다는 것은 불가능하다는 것입니다. 이 원자 단위의 자석들이 한쪽 방향으로만 정렬해서 커다란 N극과 S극을 만들어낸 것이 바로 자철석과 같은 영구 자석인 것입니다.

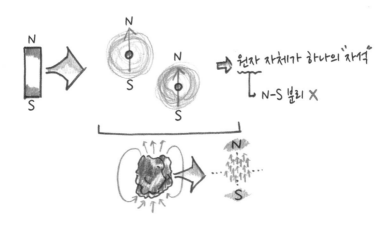

✚ 맥스웰 제3방정식, 패러데이의 전자기 유도 법칙!

맥스웰 제3방정식은 전기와 자기의 상호작용을 집요하게 연구했던 과학자 패러데이가 발견한 **전자기 유도 법칙**을 정리한 방정식입니다.

$$\oint E \cdot dl = -\frac{d\Phi_B}{dt}$$

이 법칙은 무슨 뜻을 가지고 있는 걸까요? 자, 당장이라도 책을 집어 던지고 싶은 마음을 일으키는 이 녀석에 겁먹지 말고, 평정심을 찾은 상태로 함께 자세히 들여다봅시다.

먼저, 우리가 잘 아는 기호 하나가 눈에 띄는데요. 그것은 바로 t! 시간을 의미하는 기호이지요. 그런데 시간이 분모에 가 있습니다. 잘 알 수는 없지만 시간으로 나눈다는 의미겠네요. 어? 그런데 그냥 시간이 아니라, 앞에 d가 붙어 있습니다. 앞에서 보았던 dl, dA 같이 이건 거의 0초에 가까운, 아주 작은 찰나의 시간으로 나눈다는 의미를 가지고 있어요. 찰나의 시간이라……. 정말 짧은 시간 동안의 변화를 알고 싶을 때 물리학자들이 쓰는 방법입니다. 이것이 바로 그 유명한, 뉴턴이 사용했던 바로 그 도구! '미분'입니다. '찰나의 시간으로 나눠, 그 순간의 변화를 알고 싶을 때 쓰는 도구'가 바로 미분입니다.

3rd Eq. = 패러데이의 전자기 유도 법칙!

$$\oint \vec{E} \cdot d\vec{l} = -\frac{d\phi_B}{dt} \quad time!$$

$d\vec{l}$ — 0에 가까운 길이
$d\vec{t}$ — 0초에 가까운 찰나의 시간
$d\vec{A}$ — 0에 가까운 넓이

$\vec{d}$; 미분!

그렇다면 그 위에 있는, 저 고양이 눈처럼 생긴 Φ_B라는 기호는 대체 무엇일까요? Φ_B 는 바로 어떤 특정한 면을 수직으로 통과하는 자기장의 묶음을 나타낸답니다. 예를 들어, 아래 그림과 같은 면이 있다고 칩시다. 이 면에 자기장이 슝슝 빠져나가는데, 특별히 이 면과 수직하게 나가는 자기장의 성분에다가 면적을 곱해준 값이 바로 Φ_B 인 것이죠. 면을 이용해 묶었다고 해서 자기장 다발 또는 자기력 선속이라고 부른답니다. 자기장 다발은 자기장의 묶음이기 때문에 이렇게 부르는 것입니다.

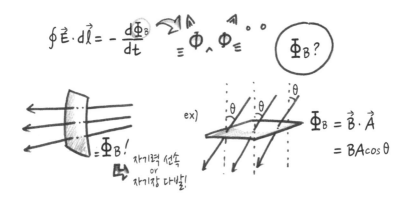

그런데 이 자기장의 묶음이 가만히 변하지 않고 그대로 있어준다면 참 좋을 텐데, 이 묶음의 크기가 시간에 따라 변하게 되면, 다시 말해 자기장 다발이 증가하거나 감소하게 되면 변화한 자기장이 주변에 전류, 또는 전기장을 발생시키게 된다는 법칙이 바로 맥스웰 제3방정식인 패러데이의 법칙입니다. 자, 앞선 내용과 마찬가지로 이 또한 머리가 아프다면 깔끔하게 비우고 딱 한 줄만 남겨보도록 합시다. 맥스웰의 제3방정식의 의미는 다음과 같습니다.

"변화하는 자기장이 전기장을 만들어낸다!"

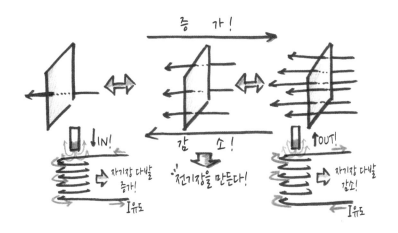

전자기 유도는 정말 많은 곳에서 이용되고 있습니다. 자석을 빠르게 움직여, 즉 자기장을 빠르게 변화시켜 전류를 발생시키는 장치인 발전기와, 그렇게 해서 만들어낸 전기장을 이용해 다시 자석을 돌리는 전기 동력장치 또한 전자기 유도의 원리를 이용한 발명품이지요. 이 원리를 이용해 동력 에너지를 전기 에너지로 바꾸는 장치가 '터빈'이라고 불리는 장치이며, 이 터빈은 오늘날 대부분의 발전소에서 전기를 만드는 데 아주 유용하게 사용되고 있죠.

이밖에 음성 정보를 담는 전자기타나, 마이크에서 사람의 음성 정보를 전기적 신호로 바꾸는 방법의 기본 원리 또한 패러데이의 전자기 유도를 통해 구현된다는 사실을 알고 있나요? 자석과 코일만 있다면 얼마든지 전류를 만들어낼 수 있고, 이를 응용하면 소리 에너지를 저장하는 것도 가능하다는 것을, 바로 이 패러데이의 전자기 유도 법칙을 이용해 구현해낸 것입니다!

그리고 여담이지만, 제3방정식에 붙은 −부호는 1835년 하인리히 렌츠(Heinrich Lenz)에 의해 발견된 렌츠의 법칙에 의해 붙여진 것입니다. 그 의미는, 유도된 전류는 반드시 자기장의 변화를 방해하는 방향으로 만들어진다는 의미를 수학적으로 나타내기 위해 붙여진 마이너스럽니다. 다시 말해, 줄어들거나 늘어난다는 의미가 아닌, **전류의 흐름 방향이 반대**라는 의미의 마이너스입니다.

✚ 맥스웰 제4방정식, 앙페르와 맥스웰의 유도 전기 법칙!

마지막으로, 맥스웰 제4방정식을 함께 들여다보도록 합시다!

$$\oint B \cdot dl = \mu_0 I + \mu_0 \epsilon_0 \frac{d\Phi_E}{dt}$$

이건 또 무슨 소리일까요?

일단, 우변에 있는 두 항은 독립적인 상황에서만 발현되는 현상이기 때문에 $\mu_0 \epsilon_0 \frac{d\Phi_E}{dt}$ 항은 떼어버리고 $\mu_0 I$ 만 먼저 이야기해보자면, 식 그대로 움직이는 전하, 즉 전류가 자기장을 만든다는 의미를 가지고 있습니다. 전류가 자기장을 만든다! 그렇습니다. **앙페르의 법칙**이라는 의미이지요.

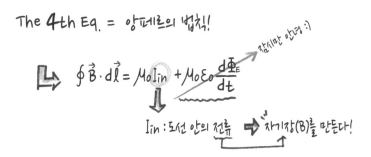

그런데 맥스웰은 이에 한발 더 나아가 축전기 같은, 전류가 흐르지 못하는 공간 속에서도 자기장이 발생한다는 사실을 설명하기 위해서 $\mu_0 \epsilon_0 \frac{d\Phi_E}{dt}$ 라는 새로운 항을 만들어내게 되는데, 이는 앞선 Φ_B와 매

우 닮은 모습을 하고 있는 것으로 보아, 자기장 다발을 나타냈던 Φ_B와 마찬가지로 Φ_E는 전기장 다발을 의미하고 있습니다.

다시 말해, $\mu_0 \epsilon_0 \dfrac{d\Phi_E}{dt}$ 는 전기장의 변화를 나타낸다는 의미이지요. 전기장의 변화를 나타내는 $\mu_0 \epsilon_0 \dfrac{d\Phi_E}{dt}$, 이를 맥스웰은 전류와 완전히 동일하게 자기장을 만들어주는 역할을 한다고 생각했습니다. 그래서 이 항을 전류를 대체한다는 의미를 나타내는 개념인 '대체 전류(또는 변위 전류, Displacement Current)'라는 이름을 붙여줍니다. 이 대체 전류의 발견 덕분에 축전기와 같이 공간을 타고 흐르는 가상의 전류, 즉 전기장의 변화 또한 자기장을 발생시킨다는 사실을 깨닫게 됩니다.

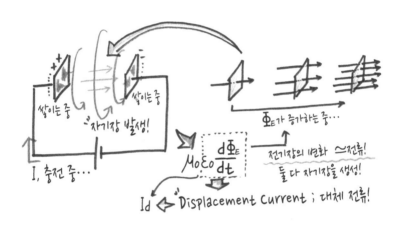

그리고 이 대체 전류를 교묘하게 이용하는 것을 통해 변화하는 전기장이 자기장을 만들고, 다시 변화하는 자기장이 전기장을 만들게 되는 현상이 연속적으로 일어나게 됩니다. 이렇게 공간상으로 퍼져나가는 전자기파를 맥스웰이 예언할 수 있게 됨과 동시에 패러데이의 생각을 수학적으로 입증할 수 있었던 것입니다!

어떠셨나요, 여러분! 짧막하게나마 우리는 맥스웰의 네 가지 방정식을 들여다봤습니다. 엄밀히 말하면, 여기에서 소개한 내용은 맥스웰 방정식이 어떻게 생겼는지, 그 의미가 무엇인지에 관한 지극히 표면적인 부분에 불과하기 때문에 이 내용만으로는 맥스웰 방정식의 진수를 전달하기에는 어려움이 있습니다. 사실, 맥스웰 방정식에 사용되는 수학은 대학 물리학, 그것도 전자기학을 전공해야 배울 수 있는 수준입니다. 하지만 이 식이 무엇을 의미하는지에 관한 정보는, 과학사의 맥락에 소개되었던 것처럼 어느 정도는 충분히 이해할 수 있는 내용으로 만들어져 있답니다. 왜 그럴까요? 그 이유는, **이 복잡하고도 미묘한 세상을 아주 단순한 모형으로 만들어서, 그 모형의 원리를 이용해 모든 것을 설명하고자 시도하는 학문이 바로 물리학이기 때문이랍니다!**

✦ 맥스웰의 도약, 놀라운 학문의 전환점을 맞이하다

맥스웰의 제3방정식과 제4방정식에 따르면, 변하는 전기장은 자기장을 만들고, 변하는 자기장은 또다시 전기장을 만들고, 이 때문에 전기장이 변하거나 자기장이 변화하게 된 바로 그 순간, 연속 반응에 의해 공간상으로 퍼져나가는 무언가의 파동이 있을 것이라고 맥스웰은 생각했습니다. 이에 이것을 '전자기파'라고 명명했습니다. 그리고 이 전자기파의 속도가 그동안 실험적으로 계산되었던 빛의 속도와 같다는 사실을 밝혀내면서, **빛도 전자기파의 일부**일 것이라는 예언을 하게 되죠.

그리고 그 예언은 1888년, 헤르츠의 전자기파 검출 실험을 통해 증명되면서 이 맥스웰 방정식은 19세기 최고의 물리학 업적 중 하나로서 세간에 떠오르게 됩니다.

그런데 문제가 발생했습니다. 이 맥스웰 방정식에 따르면, 그동안 아무 문제 없었던 갈릴레오 갈릴레이의 상대성 이론, 다시 말해 우리가 일상생활 속에서 너무 당연하게 경험하고 사용하고 있는 '상대 속도'라는 개념이 유독 전자의 움직임으로 전류를 설명하려고 할 때 이 맥스웰 방정식과 이상하게 들어맞지 않는다는 것입니다.

이 문제를 해결하기 위해 네덜란드의 물리학자 헨드릭 로런츠 (Hendrik Lorentz)가 도입한 개념이 바로 로런츠 인자라고 하는 놀라운 변환 인자입니다. 로런츠 인자, 전자의 운동을 기존의 역학 체계로 서술하고자 했던 과학자들, 그리고 시계 문제. 이 세 가지 문제들이 하나의 지점에서 만나게 되어, 기존에 바라보지 못했던 새로운 세계로의 지평을 열게 됩니다.

4. 전자기학의 끝에서
새로운 역학 세계를 열다

광속 불변의 원리 이야기

지금까지 우리는 전기학과 자기학이 어떻게 탄생했는지에 대해 살펴보았습니다. 이제부터는 전기학과 자기학의 독립적인 두 학문이 하나의 학문으로 통합되는 과정에서 일어났던 역사 이야기를 하려고 합니다.

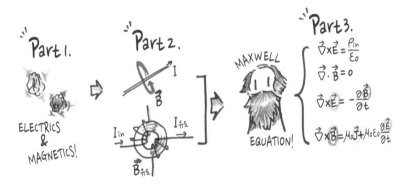

전혀 다를 줄로만 알았던 현상을 하나의 원리를 이용해 설명할 수 있는 놀라운 방정식, 맥스웰 방정식은 그 당시까지의 모든 물리학을 통틀어 손에 꼽을 만큼 뛰어난 발견으로 인정받았습니다. 서로 다른 영역의 과학 분야를 가장 완벽하고 깔끔하게 통합한 사례로서 꾸준히 다뤄질 정도로 아주 매력적인 발견이었던 것이죠. 또, 이 발견은

당시에 기술적으로 측정되고 있었던 빛의 속도와, 움직이는 전기와 자기의 상호작용에 의한 파동인 전자기 파동의 속도가 완벽하게 동일하다는 결과를 낳았습니다. 이를 통해, 패러데이가 강연을 통해 설파했던 '빛은 전자기적 상호작용'이라는 추상적인 아이디어를 보다 명확한 근거를 통해 이야기할 수 있게 되었습니다.

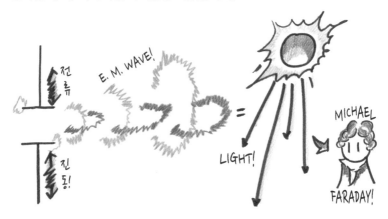

이 발견 덕분에 드디어 과학자들은 빛의 본질이 '전기장과 자기장의 출렁임이 무언가 보이지 않는 매질을 타고 퍼져나가는 파동'이라는 결론에 도달하게 됩니다. 그리고 그 속도 c는 초당 약 30만 km라고 널리 알려지게 됩니다.

그런데 여러분, 궁금하지 않나요? 오늘날 우리는 특수 상대성 이론을 통해 빛의 속도가 관찰자의 운동 상태와는 상관없이 언제나 '약 30만 km/s'로서 일정하다고 알고 있습니다. 하지만 정작 왜 빛의 속도가 관찰자의 운동 상태와 무관하게 항상 약 30만 km/s인지를 상상해 낼 수 있었던 과정은 잘 모르고 있지 않나요? 어떻게 이런 생각을 떠올리게 되었을까요? 왜 빛은 움직이는 내가 보아도, 정지한 여러분이 보아도, 언제나 항상 약 30만 km/s로 보일 것이라는 생각을 할 수 있었던 걸까요? 그 이유를 알기 위해서는 맥스웰이 주장했던 아주 특별한 매질, 빛의 매질에 관한 이야기로부터 출발해야 합니다.

✚ 맥스웰이 밝혀낸 전자기파, 그리고 빛의 속도

광속 불변의 원리에 관한 이야기를 시작하기에 앞서, 먼저 빛의 속도를 어떻게 알아내게 되었는지에 관한 역사 이야기를 아주 간략하게 알아보겠습니다. 최초로 빛의 속도를 수치적으로 계산한 자연철학자는 덴마크의 물리학자 올레 뢰머였습니다. 1676년에 뢰머는 목성의 4위성이 만들어내는 식의 발생 시간 차와 삼각비를 이용해 빛의 속도가 '약 21만 km/s'라는 값을 도출해내게 됩니다. 이어 1729년, 영국의 천문학자 제임스 브래들리는 태양으로부터 오는 빛의 광행차를 이용해 빛이 지구에 도달하는 시간을 유추하게 되면서 빛의 속도를 구할 수 있는 실마리를 하나 더 얻어내게 됩니다.

이후에는 프랑스의 물리학자 이폴리트 피조와 레옹 푸코에 의해 톱니바퀴와 반사거울을 이용해 빛의 속도를 아주 정밀하게 측정해내게 되면서, 현재의 빛의 속도에서 오차범위 약 0.6%만큼의 값으로 아

주 정밀하게 빛의 속도를 측정해내게 됩니다.

　이렇게 측정된 빛의 속도는 약 298,000,000m/s입니다. 이 측정값은 정말 놀랍게도, 맥스웰이 통합한 전자기학에서 드러난 전기장과 자기장의 변화가 연속적으로 만들어내는 파동인 전자기파의 속도, 즉 $c = \dfrac{1}{\sqrt{\epsilon_0 \mu_0}}$과 매우 유사하다는 것을 깨닫게 됩니다. 맥스웰은 이 사실을 통해 빛은 전기장과 자기장의 진동이 퍼져나가는 현상, 다시 말해 빛 또한 전자기파라는 사실을 최초로 수학적으로 예언하게 됩니다. 하지만 맥스웰의 이러한 생각에는 치명적인 약점이 존재하고 있었습니다. 자고로 파동은 반드시 그 에너지를 전달할 수 있는 매질이 있어야만 하는데, 전자기파의 매질이 도통 무엇인지 알 수 없었던 것이죠. 대체 무엇이 전자기파를, 무엇이 빛을 나를 수 있었던 걸까요? 맥스웰은 바로 이 시점에서, 보이지 않는 전자기파를 나르는 바로 그 매질의 이름을 '에테르'라고 부르게 됩니다.

✚ 전자기파, 빛을 나르는 매질, 에테르!

　다시 말해, 빛은 파동으로서 무언가 빛을 나르는 매질이 반드시 존재해야 하며, 맥스웰은 그 매질이 우리 눈에는 보이지 않지만 공간에 가득히 들어차 있는 알 수 없는 것이라고 정의하고 에테르(Ether)라는 이름으로 부르기로 합니다.

맥스웰은 이 에테르가 육각 구조를 띠고 있으며, 그 육각 구조 주변으로 작은 원형 입자가 마치 수레의 바퀴처럼 육각 구조의 진동을 도와주는 형태의 모양으로 이루어져 있다고 추정했습니다. 이러한 구조가 전자기파의 진동, 즉 빛의 진동을 공간상으로 확산시킨다고 생각했죠.

✚ 헤르츠, 전자기파 검출 실험에 성공하다

이렇게 맥스웰이 예언했던 전자기파를 1888년에 **하인리히 헤르츠** (Heinrich Hertz)가 실험을 통해 검증해냅니다. 이를 통해 정말로 공간상의 전기장과 자기장의 변화가 전기 에너지와 자기 에너지를 확산시키는 전자기파를 만들어낸다는 사실을 최초로 입증하게 됩니다.

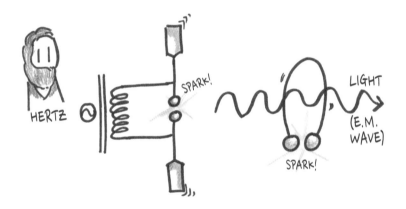

헤르츠의 이 업적을 기리는 의미로 파동이 초당 몇 번 진동하는가에 대한 물리량, 즉 진동수를 '**헤르츠**(Hz)'라는 이름으로 부르고 있습니다.

이 발견으로 빛은 매질을 타고 공간 속을 뻗어 나가는 파동, 즉 **전자기파의 일종**이라는 사실이 과학계에 널리 확산되게 되면서, 동시에 빛을 전달하는 매질인 에테르에 관한 호기심이 물리학의 커다란 숙제로 자리 잡게 됩니다.

✚ 전자론의 등장! 전자는 왜 역학적으로 설명이 불가능할까?

이 무렵, 맥스웰 이후의 전자기학을 심도 있게 연구하던 네덜란드의 과학자 헨드릭 로런츠는 그때까지 존재 자체가 확실하지 않았던 전자에 대해 실제로 존재하는 물질이라는 것을 이론적으로 주장하게 됩니다. 로런츠는 물질은 전하를 가진 입자의 집합이라고 생각하는 학문인 전자론을 기반으로 삼아, 전자의 이동이 모든 전기적 현상을 발생시킨다는 사실을 이론적으로 주장하게 됩니다. 그리고 이 이론은 움직이는 전하가 자기장 속에서 받는 힘인 **'로런츠의 힘'**의 발견으로 이어지게 되죠.

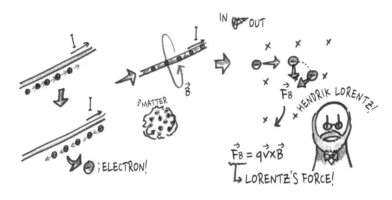

이를 통해, 전자기학에는 크게 **맥스웰의 네 가지 방정식이 만들어내는 전기력과 자기력**, 그리고 **로런츠의 힘**으로 이론들이 정리되었습니다. 그런데 이 결론을 유도해내는 과정에서 로런츠는 하나의 엄청난 의문점에 사로잡히게 됩니다. 분명히 전자가 전류를 만들고 모든 전기 현상을 만드는 본질임은 틀림없는 것 같은데, 이 전자의 움직임을 맥스웰의 네 가지 방정식에 적용하려 했더니 도통 맞질 않는다는 걸 알아차린 것입니다!

이는 정말 너무나 이상한 일이었습니다. 모든 전기적 현상과 자기적 현상을 통합한 맥스웰의 네 가지 방정식에 모든 전기 현상을 만드는 본질인 전자의 움직임이 적용이 되지 않는다? 아무리 생각해도 도무지 그 이유를 알 수 없다고 생각했던 로런츠는 결국 울며 겨자 먹기의 심정으로 전자의 움직임이 맥스웰 방정식에 매끄럽게 적용되도록 만들어주는 변환 공식을 만들어내게 되었는데, 이를 우리는 **로런츠 변환 공식**이라고 부르게 됩니다. 맥스웰의 법칙에 자신의 전자 운동을 매끄럽게 끼워 맞추기 위한 하나의 도구였던 것입니다.

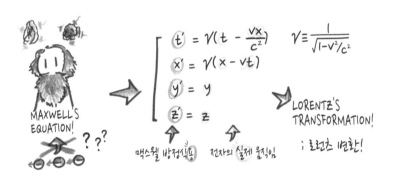

✛ 뭐!? 빛이 매질이 필요 없는 파동이라고?

다시 빛의 매질 이야기로 넘어와서, 1887년 미국의 물리학자인 앨버트 마이컬슨(Albert A. Michelson)과 에드워드 몰리(Edward W. Morley)는 반투과 거울을 이용해 설계된 빛의 이중 간섭계, 마이컬슨-몰리 간섭계를 만들게 됩니다. 이 간섭계를 이용한 실험의 목적은 단 하나였습니다. 당시 물리학계의 최대 이슈 중 하나였던 빛 에너지를 전달시키는 매질, '에테르'를 관측해내기 위해서였습니다. 만약 맥스웰의 주장대로 에테르가 정말로 존재한다면, 지구의 자전 효과에 의해 자전축과 일치시킨 거울면의 빛의 속도와 자전축과 수직으로 만들어 놓은 거울면의 빛의 속도가 미묘하게 달라야 합니다. 그래서 실험대의 세팅을 조금도 변화시키지 않은 상태로 그대로 회전시키면 스크린에 형성되어 있는 원형 간섭무늬가 반드시 변해야만 했습니다. 하지만 정말 놀랍게도, 실험장치를 다양한 방식으로 회전시켜도 스크린에 형성된 간섭무늬는 조금도 변하지 않았는데, 이는 아주 기묘한 결과를 도출하게 됩니다. '빛', 다시 말해 '전자기파'는 매질을 필요로 하지 않는 공간상을 타고 전달되는 에너지의 물결, 즉 **매질이 필요 없는 파동**이라는 결론을 말입니다!

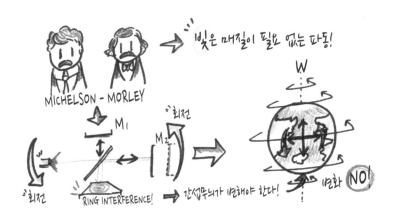

- - - 전자의 운동과 맥스웰 방정식이 일치하지 않았던 이유는? - - - - - - -

맥스웰에 의해 밝혀진 첫 번째 사실: 맥스웰의 네 가지 방정식으로부터 유도한 결과, 빛은 전자기파이며 이 현상은 움직이거나 정지하고 있는 상태, 즉 모든 관성계에서 동일하게 작용한다.

로런츠에 의해 밝혀진 두 번째 사실: 전자의 움직임은 맥스웰 방정식과 일치하지 않는다. 즉, 전자의 움직임을 맥스웰 방정식에 일치시키기 위해서는 로런츠 변환이라는 기묘한 방법을 이용해야 한다.

마이컬슨-몰리에 의해 밝혀진 세 번째 사실: 전자기파, 즉 빛은 매질이 필요 없는 파동이다. 즉, 어느 방향으로 진행하더라도 동일한 속도를 가진다.

이 세 가지 결론은 1905년, 어느 영민하고도 천재적인 직관을 가진 과학자를 만나게 되면서 이 세상의 기준을 통째로 바꿔버리는 매우 놀라운 결과를 만들어내게 됩니다. 이 과학자는 생각합니다. '빛이 전자기파라면, 그리고 그 빛은 매질이 필요 없다면, 움직이고 있거나 정지하고 있는 상태, 즉 모든 관성계에서 바라본 빛의 속도는 항상 동일한 속도를 가지게 되지 않을까?'

그리고 이 과학자는 수많은 고민과 연구 끝에 「움직이는 물체의 전기역학에 관하여」라는 이름의 한 편의 논문을 세상에 내놓게 됩니다. 이 논문을 세상에 선보인 과학자가 바로 **알베르트 아인슈타인**이며, 이 논문은 오늘날 익숙히 알고 있는 바로 그 이론, '**특수 상대성 이론**'입니다.

✚ 특수 상대성 이론, 새로운 우주를 열다

특수 상대성 이론! 맥스웰의 네 가지 방정식에 따르면 전자기파, 즉 빛은 언제나 에테르 위에서 초속 약 30만 km여야만 합니다. 그런데 이는 반드시 '에테르'가 움직이지 않는다는 가정 속에서만 성립하는 결과였습니다. 때문에 빛의 매질인 에테르 자체가 움직이거나, 또는 에테르를 가로지르며 움직이는 대상에게 있어서는 빛의 속도가 다른 값으로 측정돼야만 했습니다.

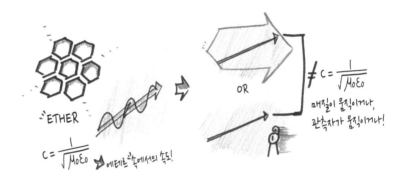

하지만, 마이컬슨-몰리 실험을 통해 에테르라는 매질은 존재하지 않는다는 것이 증명되었고, 이 발견과 맥스웰 방정식의 결과를 종합해 볼 때, '갈릴레이의 상대성 원리에 따르면 등속도로 움직이는 대상이든, 정지한 대상이든, 물리 법칙은 동일하게 적용되고 있으니까, 역시 맥스웰 방정식도 동일하게 성립할 테고, 그렇다면 빛의 속도는 결국 어떤 운동 상태를 가지더라도 항상 초속 30만 km로 일정하지 않을까?'라는 가정으로 이어지게 됩니다.

이것이 바로 특수 상대성 이론의 기본 전제인 '광속 불변의 원리'입니다. 놀랍게도 이 원리를 헨드릭 로런츠가 기묘하게 여겼던 전자의 운동에 적용하게 되면 전자의 움직임이 맥스웰 방정식에 정확하게 맞아 떨어지게 됩니다! 사실 바로 이 내용이 「움직이는 물체의 전기역학에 관하여」 속에 들어 있는 오리지널 특수 상대성 이론의 내용인 것입니다!

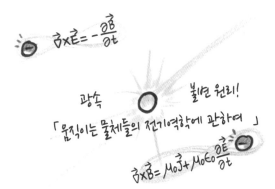

이 아인슈타인의 특수 상대성 이론 덕분에 맥스웰에 의해 이루어졌던 전기학과 자기학의 통합이 이제는 보다 본질적으로 완벽하게 이루어지게 됩니다. 과연 어떠한 방법을 통해 이러한 통합이 이루어질 수 있었던 걸까요?

앞선 클래식 역학의 이야기들을 통해, 의심의 여지 없는 상당한 완결성을 지닌 학문 체계인 '뉴턴의 만유인력의 법칙'을 인류가 어떻게 얻게 되었는지를 함께 알아보았습니다. 이 발견으로 인해 천상과 지상의 운동이 하나의 원리로 설명될 수 있다는 놀라운 사실을 그의 저서 『프린키피아』를 통해 깨닫게 되었습니다.

그러나 이와 같은 뉴턴의 발견에도 불구하고 뉴턴 자신도 궁극적으로 답변하지 못한 질문이 있었습니다. '만유인력은 왜 나타나는 걸까? 대체 왜 질량을 가진 물체들은 서로를 끌어당기는 힘을 발휘하는 걸까?' 이에 대한 답을 뉴턴은 명쾌하게 제시하지 못했습니다. 그런데 정말 뜻밖에도 이 질문에 궁극적인 해답이 전자기학의 현상들을 역학적인 원리로 설명하고자 했을 뿐인 한 과학자로부터 풀리게 됩니다. 완전무결하게 우주를 설명하는 원리라고 믿어 의심치 않았던 뉴턴역학의 절대적 권위에 도전해, 새로운 역학 체계를 통해 우주를 훨씬 더 넓고 깊게 이해할 수 있게 해준 이론, 바로 '**아인슈타인의 상대성 이론**'에 관한 이야기를 이제부터 함께 따라가 보시죠.

✛ 뉴턴의 미해결 문제를 궁금하게 여기다

아인슈타인의 상대성 이론에 관해 이야기하기에 앞서, 잠시 뉴턴이 살고 있던 시대로 살짝 되돌아가 볼까요? 당시 자연철학자들의 사고에 따르면, 일반적으로 힘이 전달되기 위해서는 물체들이 반드시 서로 접촉해야 했습니다. 걷는 동안 발끝에 채여 굴러다니는 돌도, 유명 골프 선수가 스윙을 통해 멋진 샷을 선사할 때도, 심지어 목이 말라서 물을 마실 때도, 모든 힘은 접촉된 상태에서만 작용하게 된다는 것을 관찰을 통해 알 수 있습니다. 하지만 예외는 있습니다. 『프린키피아』를 저술한 위대한 자연철학자 뉴턴의 만유인력과, 길버트의 연구로 시작된 전기력과 자기력만큼은 달랐죠. 신비주의를 추구하는 철학 사조인 헤르메스주의에서 비롯된 이 세 가지 힘은 멀리 떨어진 거리에서도 힘이 작용할 수 있다는 아이디어의 결정적 계기를 제공했지만, 정작 이 '**끌어당기는 힘**'이 대체 **왜 발생하는지**에 관한 이유는 설명해내지 못합니다.

그래서 뉴턴은 자신의 『프린키피아』에 이러한 힘이 발생하는 원인에 대해서 궁여지책으로 '미지의 요소(Occult Element)'라는, 과학이라고 보기에는 조금 찜찜한 비과학적 개념을 도입해 두루뭉술하게 넘어가게 됩니다.

이후 시간이 흘러 약 200년 정도 지난 20세기 초반에 이르러, 이러한 비과학적 설명에 대해 납득할 수 없었던 당시 나이 스물여섯의 한 청년 과학자가 뉴턴에게 도전장을 내밀게 됩니다. 당시 최고 권위 자리에 있던 '뉴턴역학'에 대한 도전장, **'중력'이 무엇인가**에 관한 그의 도전은 뉴턴의 『프린키피아』에 실린 한 줄의 문장에 관한 의심으로부터 출발합니다.

+ 『프린키피아』가 전자기학에 다시 나오는 이유는?

'절대, 진짜, 수학적 시간이란 스스로 존재하고 있으며, 외부의 어떤 것과도 관계없이 자신의 본성에 따라서 늘 똑같이 흐른다.'

뉴턴이 서술한 『프린키피아』는 '뉴턴역학', 또는 '클래식 역학'이라고 불리며, 아인슈타인 이전까지 물체의 운동을 설명하는 방법으로 채택되고 있던 역학 체계입니다. 위 내용에서도 알 수 있듯이 당대의 세계관은 절대적인 기준에서 움직이고 있는 하나의 '기계역학적 시스템'과 같았습니다. 그리고 이 '시스템' 속에서 절대 변하지 않는 대상이 있다면, 그것은 바로 '공간'과 '시간'이었습니다. 갈릴레이를 시작으로 쌓아 올린 당시까지의 역학 체계는 이 두 가지의 요소, **'공간'과 '시간'에 관한 절대성**을 결코 의심할 수 없었습니다.

예를 들어보겠습니다. 전철이나 버스를 타고 창밖을 내다보면 모든 풍경이 마치 뒤로 가는 것처럼 보입니다. 그러다가 자신이 타고 있는 전철이나 자동차와 같은 속도로 움직이는 교통수단을 바라보면 마치 정지해서 나란히 서 있는 것처럼 보이기도 합니다. 그러나 '사실'은 내가 움직이고, 주변 풍경이 가만히 있다는 것은 초등학생들도 경험적으로 다 아는 사실입니다. 이처럼 '나'의 운동 상태 때문에 발생하는 '상대방'의 운동 상태에 관한 이론을, 과학에서는 '상대성 이론'이라고 부릅니다. 전철이나 자동차에서 경험할 수 있는, 또는 일상생활 속에서 자연스럽게 경험할 수 있는 '상대성 이론'은 갈릴레오 갈릴레이가 처음 제안했죠. 우리에게는 '상대 속도'라는 이름으로 알려진 용어이지요. '나'의 속도 때문에 달라지는 '상대방'의 속도, 줄여서 '상대 속도'인 것입니다.

그러나 우주의 진리 그 자체로 여겨졌던 '갈릴레이의 상대성 이론'은 20세기 초반에, 우리가 과학자라고 하면 곧바로 이름을 떠올릴 수 있는 너무나 유명한 인물, 알베르트 아인슈타인이 쓴 한 편의 논문에 의해 위기를 맞이하게 됩니다.

✚ 특허청 심사관 청년의 궁금증이 새로운 세계를 열다

아인슈타인이 본격적으로 활동하던 당시는 한창 유럽 사회 전역으로 철도가 확산되고 있었던 시기였습니다. 당대 유럽 사회의 최대 골칫거리 중 하나는 바로, 역과 역 사이의 시간을 일치시키는 문제였죠. 철도가 처음 등장했을 당시에는 시간의 기준을 정하는 데 전신기를 이용한 통신을 이용했습니다. 그런데 여기에서 필연적으로 전선의 길이에 따른 **정보 전달의 지연**이 생겨났습니다. 즉, 멀리 떨어져 있는 역일수록 신호가 늦게 도착해 통일된 시간을 맞추기 곤란한 상황에 직면하게 됩니다. 도시와 도시 사이의 **시간을 정확하게 일치시키는 작업**은 철도가 원활하게 운영됨에 필수적인 요소임은 물론, 군수 산업과 시계 산업을 포함한 개인의 삶 영역에서도 매우 중요한 요소임이 틀림없었습니다. 당연히 기술자들은 이러한 문제를 해결하고 싶어 했는데, 이 문제의 해결은 곧 특허와 직결되기에 금전적인 부와 명성을 가져오기에도 딱 좋은 과제였던 것입니다.

1900년에 스위스 취리히 연방 공과대학교를 졸업한 후 베른의 특허 사무소에서 3등 기술 심사관으로 일하고 있던 아인슈타인이 이 문

제를 몰랐을 리가 없었습니다. 역과 역 사이의 시간을 조정하는 방법에 관한 온갖 특허들이 쏟아져 나왔을 것이고, 이를 면밀하게 검토해야만 하는 아인슈타인 역시 자연스레 이 문제에 관해 생각할 수밖에 없었습니다.

그러나 사실 아인슈타인의 관심은 다른 곳에 있었습니다. 물리학에 큰 열정을 지니고 있었던 그는 틈만 나면 장소에 구애받지 않고 최신 물리학에 관한 동향을 살피면서 아이디어를 메모해두었다고 합니다. 그가 가장 관심 있게 연구했던 대상은 단 하나였습니다. 당대 전기역학의 최대 숙제였던 헨드릭 로런츠 등의 물리학자들이 주장한 '전자론'에 '맥스웰 방정식'을 성공적으로 적용시키는 일이었죠. 앞에서 들여다본 것처럼 맥스웰 방정식은 전기와 자기 현상의 다양한 원리를 수학적으로 깔끔하게 정리해놓은 방정식이었습니다. J. J. 톰슨의 음극선 실험 이후, '전자'는 진짜로 존재하는 것이라는 사실을 굳게 믿고 있던 과학자들은 '전류'의 개념을 전자가 받는 힘의 작용에 의한, 물체의 운동과 본질적으로 같은 역학적 흐름으로 보았습니다. 이러한 이유에서 전자의 운동을 기존의 뉴턴역학으로, 즉 물체의 운동과 같은 방식으로 분석할 수 있을 것이라고 생각했습니다.

그러나 이 과제는 머지않아 커다란 문제에 직면하게 됩니다. 전자의 흐름을 통해서 전류의 현상을 설명하려 하기만 하면, 이상하게도 **'맥스웰 방정식'과 도통 맞질 않았던 것입니다!** 이를 해결하기 위해 헨드릭 로런츠는 맥스웰 방정식에 뉴턴역학이 딱 맞게끔 만들어주는 수학적인 인자, '로런츠 인자'를 도입하게 됩니다. 하지만 그 또한 왜 전자가 로런츠 인자를 사용해야만 맥스웰 방정식에 들어맞는지에 관한 내용은 전혀 모르고 있었습니다.

아인슈타인 역시 이 문제에 대해 관심이 많았었는데, 그중에서도 특별히 전자기 유도 현상에 흥미가 있었습니다. 그는 생각했죠.

'자석에 코일이 움직여서 발생되는 전자의 움직임과, 코일에 자석이 움직여 발생되는 전자의 움직임은 결국 똑같은 것 아닐까?'

그는 두 현상을 하나의 원리로 설명하고 싶어 했습니다. 이러한 고민과 앞선 '역과 역 사이의 시계 문제'가 극적으로 만나게 되면서, 그 결과 1905년 「움직이는 물체의 전기역학에 관하여」라는 한 편의 논문을 발표하게 됩니다. 그리고 바로 이 논문에 기존의 '갈릴레이의 상대성 이론'을 전면 반박하는 새로운 이론, **'특수 상대성 이론'**이 실리게 됩니다!

＋ 기적은 하루아침에 일어나지 않는다

이 이론이 등장하게 된 커다란 계기가 하나 더 있습니다. 앞서 소개한 앨버트 마이컬슨과 에드워드 몰리가 빛의 매질을 증명하기 위해 행했던 '마이컬슨-몰리' 실험의 결과가 바로 그것입니다. 매질을 타고 이동하리라 믿어 의심치 않던 **빛은 이 실험의 결과로 인해 '매질이 필요 없는 파동'**이 되어버렸습니다. 만약 갈릴레이가 주장했던 것처럼 모든 관성계에서 물리법칙이 동일하다면, '맥스웰 방정식'이라는 물리법칙에 의해 만들어지는 에너지의 흐름인 '빛' 또한 모든 관성계에서 일정한 속도를 가져야만 했죠. 아인슈타인은 이를 통해, **'모든 관성계에서는 동일한 물리 법칙이 작용한다'**는 갈릴레이의 **상대성 원리**로부터 **'모든 관성계에서 빛은 동일한 속도로 관측된다'**라는 '광속 불변의 법칙'을 이끌게 됩니다. 이는 우리의 일상에서의 경험과는 전혀 새로운, 놀라운 현상을 제공하는 이론으로 탄생하게 됩니다.

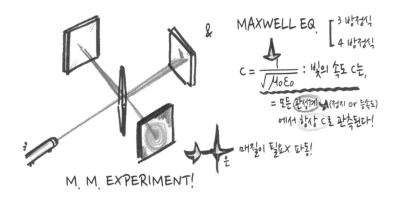

& MAXWELL EQ. $\left[\begin{array}{l}3\ \text{방정식}\\ 4\ \text{방정식}\end{array}\right.$

$c = \dfrac{1}{\sqrt{\mu_0 \varepsilon_0}}$: 빛의 속도 c는,

= 모든 관성계 A(정지 or 등속도)
에서 항상 c로 관측된다!

빛은 매질이 필요X 파동!

M. M. EXPERIMENT!

1905년 5월 중순, 여느 때와 다름없이 시간의 조율에 관한 특허 심사를 하던 아인슈타인은 문득 번뜩이는 아이디어를 떠올리게 됩니다.

'대상을 관찰할 때 필요한 빛의 속도가 모든 관성계에서 변하지 않는다면, 대체 변하는 건 무엇일까?'

아인슈타인은 이전까지 그 누구도 의심하지 않았던 대상, 시간과 공간에 대한 의심을 하기 시작했습니다. 변하지 않는 것은 정지하거나 등속도로 움직이고 있는 관찰자가 바라보는 빛뿐이라면, 우리를 둘러싸고 있는 시간과 공간이 변하는 것은 아닐까? 그렇다면 누가 어떻게 움직이는지는 중요하지 않게 됩니다. 관찰하고 있는 '나'의 입장에서 바라보고 있는 대상이 정지해 있기만 한다면, 그 대상은 '나'와 같은 시간과 공간을 가지게 됩니다. 그러나 '나'와 다른 관성계를 가지는 모든 대상, 즉 '내가 바라볼 때 움직이고 있는 모든 대상'의 시간은 팽창하며, 공간은 수축하게 됩니다! 모든 관성계에서 빛의 속도를 유지하기 위해서는 이 방법 외에는 달리 어쩔 도리가 없습니다.

+ **절대적인 것이 상대적인 것으로 탈바꿈되는 순간,
기묘함은 일어난다**

이 사고를 통해 아인슈타인은 특수 상대성 이론이 만들어내는 기묘하고도 놀라운 현상을 만나게 됩니다. 우리의 일상 수준에서는 쉽게 관찰할 수 없지만, 빛의 속도와 근접하게 이동하는 대상에 대해서 도드라지게 나타나는 '길이 수축'과 '시간 팽창'이라는 새로운 현상이 그것입니다. 이는 놀랍게도, 로런츠가 유도해낸 특수한 '로런츠 인자'가 물리적으로 어떤 의미를 지니는지에 관한 본질적인 해답을 제시하게 됩니다. 이를 통해 아인슈타인은 전류와 자기 현상은 '단지 관찰하는 대상의 틀이 다를 뿐이지, 본질적으로는 똑같은 현상'이라는 사실을 설명해내는 데 성공하게 됩니다. 어떻게 이 현상을 설명했는지 함께 알아볼까요?

예를 들어보겠습니다. +전하와 -전하가 같은 수로 골고루 분포하고 있는 도선을 떠올려봅시다. 그리고 그 아래에 +전하로 대전된 아주 귀여운 마이크로 비행기를 여러분이 타고 있다고 가정해봅시다. 이제 이 도선에 전류가 발생되도록 전압 차를 걸어줍니다. 이와 동시에 도선에서 표류하고 있던 전자들은 전압 차에 의해 이동하게 되는데, 즉 전류가 발생하게 됩니다. 하지만 전하들이 움직인다고 해서, 즉 전류가 발생했다고 해서 당장 마이크로 비행기를 타고 있는 여러분에게는 아무 일도 일어나지 않습니다.

그런데 만약 비행기가 움직이기 시작하게 된다면 어떻게 될까요? 마이크로 비행기에 타고 있는 여러분의 입장에서는 −전하와 같은 움직임을 공유하고 있기 때문에 −전하와는 동일한 시간, 동일한 공간을 공유하게 됩니다. 그러나 여러분이 볼 때 +전하는 열심히 뒤로 이동하고 있는 것처럼 보이게 됩니다. 이때 특수 상대성 이론에 따라 +전하들의 길이는 수축하게 되며, 이와 동시에 +전하의 밀도가 증가하는 현상이 나타나게 됩니다! 즉, +전하가 뒤로 이동하는 것처럼 보이는 아래 그림의 저 도선은 +전하를 띠게 된 것과 같은 효과를 일으키게 됩니다. 이 때문에 애초부터 +전하를 띠고 있던 여러분의 마이크로 비행기는 전기적 반발력을 받게 됩니다. **전기력에 의한 반발 현상**이 발생하게 되는 것입니다!

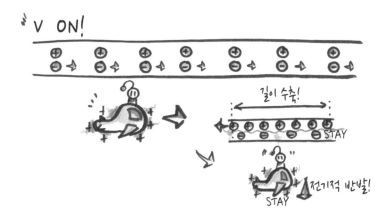

그런데 진짜 재미있는 것은 이 모든 상황을 지켜보고 있던 제 입장입니다. 저는 지금 이 상황을 매우 기묘하게 받아들일 것입니다. 왜

냐하면, 단지 전류가 흐르고 있는 도선 주변을 여러분이 +전하의 마이크로 비행기를 타고 날아가기만 했을 뿐인데, 갑자기 미는 힘, 즉 반발력을 받아 아래로 밀려나는 것을 목격하게 된 셈이니까요. 그래서 저는 고민하기 시작합니다. 이 문제를 명쾌하게 해결할 만한 방법이라고는 앙페르의 법칙에서 설명하고 있는 **전류에 의해 만들어진 자기장** 말고는 뚜렷하게 없어 보입니다. 바로 이 점이, 아인슈타인이 해결하고자 했던 서로 다른 것처럼 보이는 동일한 현상이며, 결국 아인슈타인에 따르면 **전류에 의해 만들어진 자기 현상은 본질적으로 동일한 현상이었던 것입니다!**

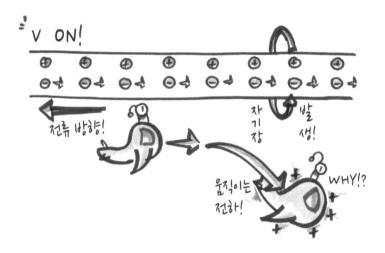

**✛ 운동 상태에 따라 다르게 보일 뿐,
자기 현상과 전기 현상은 같은 현상이다**

아인슈타인이 해결하고자 했던 문제, 즉 전류에 의해 발생하는 자기 현상과 자기 현상에 의해 발생하는 전류에 관한 문제는 본질적으로 전하의 움직임에 의해 나타나는 '특수 상대성 이론의 효과'에 의해 설명될 수 있었습니다. 그리고 이는 의도치 않게 '갈릴레이의 상대성 이론'을 무너뜨리게 되었습니다. 절대적인 것은 오직 관찰자의 눈에 들어오는 빛의 속도일 뿐, 이를 제외한 모든 것은 관찰자의 상태에 따라 변하는 상대적인 것이었습니다. 고전물리학의 종말을 알리는 혁명과도 같은 사건이 한 사람의 직관적인 천재성 덕분에 일어날 수 있게 되었던 것입니다!

✚ 상대성 이론, 뉴턴역학에 도전장을 내밀다

하지만 아인슈타인은 이에 그치지 않고 '특수 상대성 이론'을 한 단계 발전시키고자 노력했습니다. 이제는 관찰자가 '특수한 상태', 즉 일정한 속도를 가지고 있는 상태일 때로 국한하지 않고 관찰자를 '가속'시키기로 한 것입니다. 아인슈타인의 이러한 시도는 '중력이 대체 무엇일까'에 관한 의문으로부터 출발하게 됩니다. 특수 상대성 이론이 전하의 흐름과 자기 현상 간의 관계를 하나의 원리로 설명할 수 있을 것이라는 기대로부터 출발했다면, 새로운 상대성 이론은 '가속'하고 있는 대상이 받는 힘인 **'관성력'**과 '천체'로부터 발생하는 힘인 '만유인력', 즉 **'중력'**은 **구별할 수 없다**는 아이디어인 **'등가 원리'**로부터 출발하게 됩니다.

예를 들어보겠습니다. 아무것도 없는 우주 공간 속에 우주선 하나가 덩그러니 놓여 있습니다. 이 우주선 속에 여러분이 타고 있다고 상상해봅시다. 우주선이 위로 가속하기 시작하게 되면, 우주선 속에 타고 있는 여러분은 아래 방향으로 관성력을 받게 됩니다. 이를 이용하면, 중력이 없는 우주 공간 속에서도 아랫면을 딛고 일어나 바로 설수 있습니다. 그런데 여기에서 재미있는 사실은, 가속하고 있는 줄로만 알고 있었던 여러분이 탄 우주선이 실제로는 어떤 행성 표면에 살포시 안착했다는 것입니다! 두 상황의 차이는 과연 무엇일까요? 아인슈타인은 두 상황의 차이가 전혀 없다고 주장합니다. 가속하고 있는 어떠한 계(界)에서 발생하고 있는 '관성력'과, 질량을 가지고 있는 천체에서 작용하는 '중력'이 사실은 같은 현상일 것이다! 이러한 생각이 바로 '등가 원리'의 출발점인 것입니다.

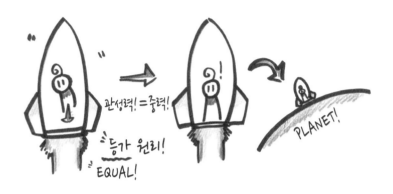

✚ 아인슈타인, 등가 원리, 성공적!

아인슈타인은 생전에 "내 생에 가장 아름다운 순간 중 하나를 꼽자면, 나는 지체하지 않고 등가 원리를 떠올린 순간을 말할 수 있다"고 이야기했을 만큼, 이 아이디어의 탄생에 대해 말로 표현할 수 없을 만큼 큰 기쁨을 표현했습니다. 이 단순한 생각으로부터 출발해서 약 8년간의 연구에 몰입한 결과, 마침내 그는 중력과 기하학의 놀라운 관계를 규명하기에 이르게 됩니다.

'질량을 가지고 있는 천체는 4차원으로 서술되고 있는 시공간에 곡률을 형성하게 된다!'

이것이 바로 현대 천체물리학의 시작을 이끌어냄과 동시에 **중력의 본질을 설명한 이론, '일반 상대성 이론'**인 것입니다!

아인슈타인의 '일반 상대성 이론'에서의 '중력'은 질량에 의해서 단순하게 서로가 서로를 끌어당기는 힘, 즉 단순한 원거리 작용력이 아닙니다. 질량은 시공간이 휘어지도록 만드는 요인이며, 이 휘어짐은 물질의 이동 경로를 명확하게 드러내게 되죠. 물질은 자연스럽게 시공간의 휨을 따라 진행하며, '중력'은 이에 따른 부차적인 현상일 뿐입니다! 그렇기에 항상 '최단 시간의 경로'만을 따라 진행하는 빛 또한 자신의 시간을 절약하기 위한 궁여지책으로 이 시공간의 곡률을 따라 진행하게 됩니다. 뉴턴역학에 따르면, 질량이 없는 빛도 반드시 질량이 있어야 작용하는 줄로만 알았던 '중력'의 영향을 받아 그 경로가 휠 수 있다는 의미인 것입니다!

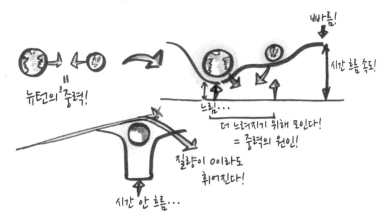

✛ 권위에 어긋난 도전에 대한 증명이, 권위의 상징으로부터 이루어지다

그런데 아무리 좋은 이론이라도, 물리학은 이를 증명할 수 있는 실험이 구현되지 않는다면 그 가치를 인정받지 못하게 됩니다. 그렇다면 이 사실을 최초로 실험적으로 증명한 사람은 누구일까요? 정말 아이러니하게도 영국 왕립학회 소속의 학회장 출신 물리학자 **아서 에딩턴**(Arthur Eddington)이 그 주인공입니다.

그는 아인슈타인의 대담하고, 직관적이며, 도발직인 '일반 상대성 이론'을 지지했던 몇 안 되는 과학자 중 한 사람이었습니다. 당시 일반 상대성 이론의 지지자가 적었던 이유는 당대 과학계에서의 뉴턴의 명성과 권위 때문입니다. 시간과 공간이 상대적이라는 아인슈타인의 '특수 상대성 이론'은 뉴턴역학에 대한 전면적인 도전과 마찬가지였기에, 사실상 특수 상대성 이론의 논리로부터 출발한 일반 상대성 이론은 많은 주류 과학자의 입장에서는 단지 허무맹랑한 이론일 뿐이었습니다. 그럼에도 불구하고 아인슈타인의 직관과 통찰을 신뢰했던 에딩턴은 달이 태양을 완전히 가리는 '일식' 현상이 일어났을 때, 태양의 막대한 중력을 이용해 발생하는 **별빛의 굴절 현상**을 이용해 **일반 상대성 이론을 실험적으로 입증**하게 됩니다. 이 결과를 통해 영국 왕립학회는 아인슈타인의 상대성 이론을 인정할 수밖에 없었고, 이 증명을 계기로 아인슈타인은 전 세계의 슈퍼스타 과학자로 명성을 떨치게 됩니다. 왕립학회의 뿌리와 줄기 그 자체였던 '뉴턴역학'의 시스템을 왕립학회장이 무너뜨리다니, 상당히 아이러니하지만 정말 대단한 진보의 순간이 아닐 수 없죠?

아인슈타인의 일반 상대성 이론이 증명된 이후, 뉴턴역학으로만 기술되던 천체물리학 또한 상상도 못 할 만큼 막대한 영향을 받게 됩니다. 이 새로운 중력 이론을 적용하면 기존의 뉴턴역학으로 깔끔하게 설명하지 못했던 수성의 이상 궤도 현상도 말끔히 설명할 수 있게 됩니다. '아인슈타인 십자가'와 같은 십자 모양의 천체가 관측되는 원인도 설명할 수 있었죠. 그뿐만 아니라 우리의 우주가 어떻게 시작되었는지에 관한 실마리인 빅뱅 이론에 대한 모티프를 제공하기도 했습니다. 그야말로 세기를 뛰어넘는 발견의 쾌거가 아닐 수 없었습니다.

비교적 최근인 2015년에, 마이컬슨-몰리 간섭계의 거대화 버전인 LIGO(레이저 간섭계 중력파 관측소)에서 **중력파를 관찰**하게 됩니다. 이를 통해 명실공히 일반 상대성 이론은 현대 과학의 중력을 설명하는 유일하고도 완벽한 패러다임으로 군림하고 있습니다. 현실과 동떨어진 너무 어려운 과학이라고 생각할 수 있지만, 사실 우리는 일반 상대성 이론을 매 순간, 많은 공간 속에서 경험하고 있습니다. 스마트폰에 설치된 GPS 장치의 시간 동기화에서도, 인공위성의 시간 조정을 위해서도 우리는 일반 상대성 이론의 도움을 받고 있습니다. 아니, 어쩌면 지구라는 중력장 속에서 살아가고 있는 우리는 '만유인력'으로서의 '중력'을 느끼고 있는 것이 아니라, 어떻게든 시간의 흐름을 지연시키기 위해서 좀 더 높은 중력 속으로, 즉 '시공간의 곡률' 속으로 자연스레 들어가려고 하는 것은 아닐까요? 아인슈타인은 이러한 즐거운 상상에 대해 이 같은 명언을 남겼습니다.

"논리는 당신을 A부터 Z까지로 안내하겠지만, 상상력은 당신을 어디로든 이끌 것입니다."

우리는 어떻게 무선 통신을 할 수 있는 걸까?

　여러분은 최신 트렌드의 정보를 주로 무엇을 통해 접하고 있나요? 1인 1휴대폰 시대인 요즘, 아마도 많은 이들이 스마트폰 속 유튜브 앱을 열어 영상으로 정보를 접하고 있으리라 생각합니다. 어느새 일상에서 절대 없어서는 안 될 기기가 된 '스마트폰'의 시초라 할 수 있는 무선 통신장치는 1973년 모토로라의 마틴 쿠퍼 박사 연구팀이 개발한 최초의 휴대전화, '다이나택 8000X'입니다. 이 전화기의 무게는 약 850g으로 거의 1kg에 가까웠는데, 최초의 휴대전화가 출시된 이래 약 35년 만인 2007년 1월에 스티브 잡스의 혁신적 아이디어에 의해 '아이폰'이 탄생합니다.

어찌 보면 굉장히 짧은 시간 사이에 많은 과학, 공학 기술의 집약적 발달 덕분에 현재와 같은 수많은 스마트폰이 대중화될 수 있었습니다. 이러한 무선 통신수단의 발달은 우리 삶의 질을 풍요롭게 해줄 뿐만 아니라, 앞으로 도래할 4차 산업 혁명에서도 없어서는 안 될 중요한 요소라는 것은 누구나 다 인정하는 사실입니다.

그런데 여러분, 한 번쯤 이런 점들이 궁금한 적 없었나요? 대체 우리는 어떻게 이 조그마한 스마트폰을 통해 전화와 문자, 그리고 영상 등의 정보를 아무 거리낌 없이 받아볼 수 있는 걸까요? 와이파이나 3G, 4G, 그리고 최근 홍보 중인 5G까지, 이것들이 대체 무엇이길래 정보를 주고받는 매개체 역할을 할 수 있는 것일까요? 뿐만 아니라 교통카드나 하이패스와 같은 장치들은 대체 어떻게 멀리 떨어진 공간 속에서 서로의 정보를 쉽게 주고받을 수 있는 걸까요?

이 모든 일이 가능할 수 있도록 해준 것은 다름 아닌 '라디오파'의 발견 덕분입니다. 현대 정보통신의 문명을 일으켜준 놀랍고도 고마운 전자기파, '라디오파'에 관한 이야기를 과학쿠키와 함께 알아보도록 하겠습니다!

✛ 알면 알수록 더 고마운 라디오파! 그 종류와 쓰임새는?

라디오웨이브(Radiowave), 통칭 '라디오파'라고 하는 이 전자기파는 마이크로파의 일부 영역을 포함하는 통신에 사용되는 모든 대역의 전자기파를 지칭합니다. 국제전기통신연합 ITU의 전파규칙에 따르면, 라디오파는 주파수가 3kHz부터 3THz까지이며, 이를 파장으로 환산하면 1mm에서 100km까지의 모든 전자기파를 의미합니다.

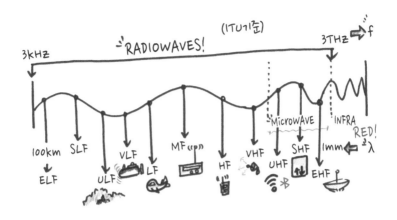

주파수가 높은 순서로 분류하면 다음과 같습니다.

EHF(Extremely High Frequency) ; 익스트림하게 높은 주파수

SHF(Super High Frequency) ; 슈퍼하게 높은 주파수

UHF(Ultra High Frequency) ; 울트라하게 높은 주파수

VHF(Very High Frequency) ; 매우 높은 주파수

HF(High Frequency) ; 높은 주파수

MF(Medium Frequency) ; 중간 주파수

LF(Low Frequency) ; 낮은 주파수

VLF(Very Low Frequency) ; 매우 낮은 주파수

ULF(Ultra Low Frequency) ; 울트라하게 낮은 주파수

SLF(Super Low Frequency) ; 슈퍼하게 낮은 주파수

ELF(Extremely Low Frequency) ; 익스트림하게 낮은 주파수

이들 주파수의 대표적인 이용 사례는 다음과 같습니다.

EHF : 무선 천문학

SHF : 통칭 5G라고 불리는 5세대 이동 통신

UHF : Wi-Fi, 블루투스 및 스마트폰

VHF : FM 라디오 및 DMB 방송

HF : 생활 무전기 및 RFID

MF : AM 라디오

LF : 무선 항법 장치 동기화

VLF : 잠수함의 통신

ULF : 지하광산 내부에서의 통신

✛ 라디오파에서 또 등장한 그분, 맥스웰!

그런데 통신을 하는데 왜 하필 전자기파를 이용하는 걸까요? 앞에서도 잠깐 소개했듯, **전자기파는 매질을 필요로 하지 않는다**는 엄청난 특징 외에도, 관측 가능한 우주 범위 내에서 가장 빠른 속도인 **빛의 속도로 정보를 전달**할 수 있기 때문입니다. 한 번 상상해보세요. 아무것도 없는 공간 속에서 빛의 속도로 정보를 전달할 수 있는 도구를 발견했다? 정말 생각만으로도 엄청나지 않나요? 이러한 도구를 최초로 예언한 사람이 바로, 전자기학을 정립함과 동시에 19세기를 대표하는 위대한 과학자 제임스 클러크 맥스웰입니다!

맥스웰은 선대 과학자들로부터 지속적으로 연구되던 전기학과 자기학의 특성을 전자기학이라는 이름으로, 수학적으로 심플하고 아름다운 네 가지 공식으로 통합한 인물이라고 앞에서 먼저 살펴보았습니다. 그런데 이 공식들 가운데 제3공식과 제4공식, 즉 패러데이의 법칙과 앙페르의 법칙으로부터 '전자기파'라는 공간상에 퍼져나가는 전자기 파동 에너지를 수식적으로 예견했습니다.

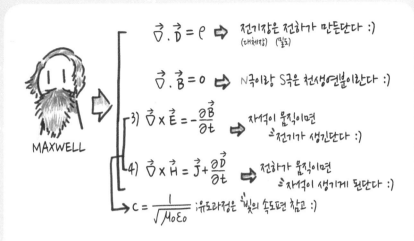

$$\vec{\nabla} \cdot \vec{D} = \rho \Rightarrow \text{전기장은 전하가 만든단다 :)}$$
(대체장) (밀도)

$$\vec{\nabla} \cdot \vec{B} = 0 \Rightarrow \text{N극이랑 S극은 천생연분이란다 :)}$$

3) $\vec{\nabla} \times \vec{E} = -\dfrac{\partial \vec{B}}{\partial t} \Rightarrow$ 자석이 움직이면
$\hookrightarrow$ 전기가 생긴단다 :)

4) $\vec{\nabla} \times \vec{H} = \vec{J} + \dfrac{\partial \vec{D}}{\partial t} \Rightarrow$ 전하가 움직이면
$\hookrightarrow$ 자석이 생기게 된단다 :)

$\hookrightarrow C = \dfrac{1}{\sqrt{\mu_0 \varepsilon_0}}$;유도과정은 '빛의 속도편 참고 :)

MAXWELL

이러한 예견이 헤르츠의 실험을 통해 입증되면서 세상은 이 경이롭고 놀라운 '전자기파'에 대한 연구에 본격적인 박차를 가하게 되죠.

✚ 전자기파를 만드는 방법

하지만 아무리 위대한 도구라 한들, 이 도구를 만들 수 없다면 아무 의미가 없는 거겠죠? 전자기파를 만들기 위해서는 어떻게 해야 할까요? 공간상에서 전자들의 움직임을 엄청나게 빠르게 흔들 수만 있다면 가능하답니다! 예를 들어, 전자레인지에 사용되는 마이크로파를 만들고 싶다면, 그만큼에 해당하는 전자를 **초당 24억 5천만 번** 흔들면 그 영역에 해당하는 전자기파를 이론상으로 발생시킬 수 있습니다. 그렇다면 대체 전자를 무슨 수로 이처럼 빠르게 진동시킬 수 있는 걸까요? 바로, '교류 발전의 원리'를 이용하면 얼마든지 빠르게 전자를 진동시키는 것이 가능하답니다.

다시 전파 이야기로 돌아와서, 교류 발전의 원리를 이용해 원하는 영역대의 전파를 만들 수 있게 된 인류는, 다양한 영역의 전파를 이용해 원하는 정보를 공간상으로 날려 보내는 것이 가능해졌습니다. 하지만 여전히 문제는 남아 있었습니다. 이렇게 공간상으로 퍼져나가는 전파를 특정한 대상에게 정확하게 전달하려면 어떻게 해야 할 것인가에 대한 고민이었죠.

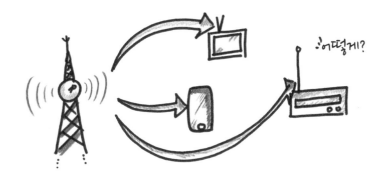

그러던 중 문득 떠올리게 됩니다. '만약 발생시킨 전파의 진동수에 정확하게 반응할 수 있는 회로를 만들 수만 있다면? 그렇다면 그 전파에 실린 특정 정보만을 받아낼 수 있는 회로를 만들 수 있지 않을까?' 하는 생각을 말이에요.

+ 전자기파를 만들었으니, 이번에는
   전자기파를 받을 수 있는 수신기를 만들어야겠지?

현재 우리가 사용하고 있는 전기부품 중에는 전류가 빙빙 감겨 흘러 들어갈 수 있는 형태의 '코일' 부품과, 두 개의 극판이 마주보고 있어서 전기장을 형성하는 형태의 '축전기'라는 부품이 있습니다. 이 전기부품들은 건전지처럼 일정한 크기로 흐르는 전류인 '직류'에서는 지극히 평범한 모습을 보이지만, 전자의 전기적 진동에 의해 에너지를 흐르게 만드는 방식인 '교류'에서는 매우 독특한 특징을 가지게 됩니다.

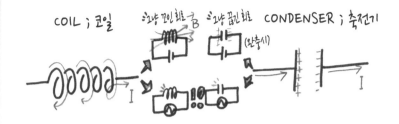

먼저, 코일부터 알아볼까요? 코일에 전류가 흐르게 되면 앙페르의 법칙에 따라 코일 내부에 자기장이 형성되는 것을 볼 수 있습니다. 만약, 전류가 일정하게 공급되는 것이 아니라 특정한 주기로 출렁거리게 된다면 코일 내부에 발생한 자기장이 자신의 세기를 유지하려는 관성에 의해 전류의 출렁임이 방해받게 됩니다. 이러한 방해 공작을 물리학에서는 유도된 자기장이 전류를 방해한다는 의미에서 '**유도 리액턴스**(Inductive Reactance)'라고 부릅니다. 이 유도 리액턴스는 전류의 진동이 빠르면 빠를수록, 즉 전류의 출렁임 정도가 빠르면 빠를수록 유도되는 자기장의 크기가 커져서, 그만큼 방해 공작이 커지게 된다는 특징을 가지고 있죠.

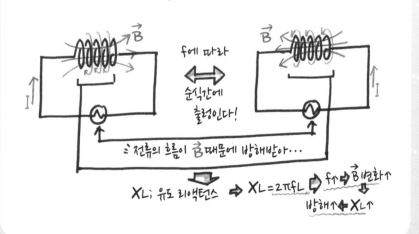

다음으로, 축전기에 대한 특징을 간단하게 알아볼까요? 축전기에 전류가 흐르게 되면 가우스의 법칙에 따라 양 극판에 전하가 축적되는 것을 볼 수 있습니다. 여기에 앞선 코일에서처럼 출렁이는 전류가 공급되게 되면 기존에 차곡차곡 쌓여 있던 전하가 만드는 전기 에너지에 의해 전류의 출렁임이 방해받게 됩니다. 이러한 현상을 물리학에서는 극판에 쌓여 있는 전하의 에너지가 전류를 방해한다는 의미에서 **'용량 리액턴스(Capacitive Reactance)'**라고 부른답니다. 이 용량 리액턴스는 전류의 진동이 느리면 느릴수록, 즉 전류의 출렁임 정도가 느리면 느릴수록 양 극판에 쌓이는 전하량이 많아져서, 그만큼 방해 공작이 커지게 된다는 특징을 가지게 되죠.

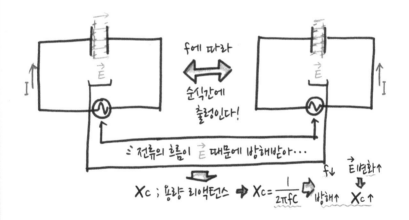

+ 코일, 축전기의 오묘한 동거를 만들어낸 공진 회로

이 두 녀석, 코일과 축전기가 직류가 아닌 교류 회로에 동시에 존재하게 되는 경우에는 아주 독특한 특징이 발현되게 됩니다. 용량 리액턴스와 유도 리액턴스에 의해 회로에 공급되는 전자기 진동이 아주 특별한 진동수를 가지게 되는 순간, 두 리액턴스의 방해가 매우 작아지게 되는 놀라운 순간이 나타나게 되는 것입니다! 이러한 독특한 진동수를 우리는 회로의 공명 진동수, 또는 공진 주파수라고 부릅니다. 그리고 코일과 축전기에 의해 만들어진 이와 같은 특징을 가지는 회로를, 특정한 주파수에만 공명하여 그 주파수의 정보만을 받을 수 있는 회로라는 의미로 '공진 회로', 또는 'RLC 회로(저항-코일-축전기가 연결된 회로)'라고 부른답니다.

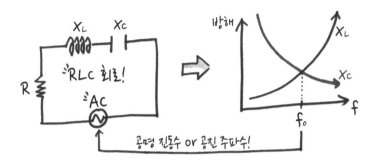

바로 이 공진 회로를 이용해서, 특정한 주파수에 담긴 정보만을 선택적으로 받을 수 있도록 만들어진 도구가 '안테나'이며, 이 안테나를 통해서 송신된 여러 전파 중에서 필요한 특정 전파를 잡아내는 방식이 현재 통신수단이 사용하는 가장 기본적인 원리랍니다.

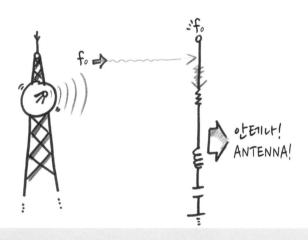

이 모든 것을 가능케 한 근원인 전파의 발견 덕분에 인류는 이 전자기 진동을 발생시키고 수신할 수 있는 연구를 지속적으로 진행하게 되었습니다. 그리고 불과 100년 만에 현대 정보화 사회를 대표하는 소위 '와이어리스(Wireless, 무선 통신)'라는 놀라운 편의성을 얻게 되었다는 사실이 정말 경이롭지 않나요?

3부

아주 작은 세계의
움직임을 탐구하다

양자역학 이야기

1. 대체 물질의 근원은 무엇일까?

 세상을 이루고 있는 물질에 관한 이야기

어떻게든 생존을 위해 악착같이 살아야 했던 원시 시대를 지나, 글을 읽고 쓸 줄 아는 능력인 문명이 탄생하게 되면서 인류는 비약적인 발전을 이뤄냈습니다. 먼저, 고대부터 그때까지 쌓아온 많은 생각을 기록이라는 수단을 통해 후대로 전달할 수 있는 능력을 획득하게 됩니다. 후대에게 자신의 생각과 재산 같은 유산을 남기고 싶은 욕망은 인간의 기본 욕구 중 하나로, 시간이 거듭되면서 자연스레 선대의 지식이 하나둘 쌓이게 되었습니다.

오랜 시간 동안 전해져 내려온 참으로 다양하고 많은 과학적 문화유산 가운데 이번에는 아주 특별한 하나의 생각을 함께 들여다보려고 합니다.

'세상을 이루고 있는 건 무엇일까?'

언뜻 보기에는 정말 너무 어려운 질문 같지만, 이 물음은 앞으로 아주 놀랍고도 기묘한 세계, 양자역학의 세계로 우리를 안내해줄 것입니다. 양자역학을 이해하기 위한 첫 번째로, 물질의 근원에 관한 의문에서 탄생된 과학적 발견의 역사에 대해 이제부터 이야기하려 합니다.

✚ 고대 그리스에서 출발한 물질의 근원에 관한 궁금증

물질의 근원에 관하여 가장 먼저 언급했다고 기록된 사람은 기원전 600년경의 자연철학자 탈레스입니다. 탈레스는 만물이 물로 이루어져 있으며, 물의 상태 변화에 따라 모든 물질의 변화가 생성된다고 주장했죠. 하지만 그로부터 얼마 지나지 않은 기원전 360년경, 자연철학자 아리스토텔레스는 우리가 살고 있는 자연에는 '원소'라고 불리는 물질을 구성하는 기본 요소가 있으며, 그 요소는 '물', '불', '공기', '흙' 네 가지로 이루어졌다고 설명했습니다. 한편, 동시대에 활동했던 데모크리토스(Democritos)는 물질을 이루고 있는 가장 작은 단위로 원자가 있는데, 이 원자들이 결합했다가 떨어졌다가 하면서 모든 만물의 형태가 만들어진다고 주장했습니다.

이 당시에는 아리스토텔레스의 **4원소설**이 압도적인 지지를 얻어서 데모크리토스의 **원자론**은 좀처럼 쉽게 받아들여지지 않았습니다. 그러나 14세기 무렵 등장하게 된 문예부흥 운동인 르네상스의 여파와 로버트 보일(Robert Boyle)의 물질에 관한 연구의 성과에 힘입어, '기체는 무엇으로 이루어져 있을까'라는 의문에 해답 후보로서 원자론은 커다란 영향을 미치게 됩니다.

✚ 자연철학자들, 물질의 특성에 관해 연구하다

물리학 분야에서 물질의 운동 상태에 관한 연구가 진행되고 있을 무렵, 화학 분야에서는 물질의 결합과 연소 전과 후의 상태, 산화와 환원의 상태 등 물질의 상호작용에 관한 체계를 연구하고 있었습니다.

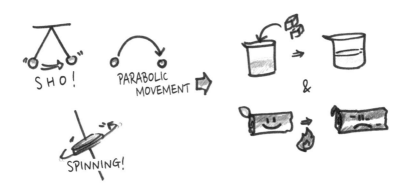

18세기 초까지는 물질이 연소되는 과정에서 '플로지스톤(Phlogiston)'이라고 일컬어지는 성분이 붙거나 빠져나가면서 무게 변화가 일어난다는 설이 유력했습니다. 그런데 프랑스의 화학자 앙투안 라부아지에(Antoine Lavoisier)는 연소는 단지 '산소'가 이동하며 나타나는 현상이라고 주장하며 기존의 가설을 반박합니다. 나아가 연소 전과 후의 물질의 총량은 항상 일정하게 유지된다는 **'질량 보존의 법칙'**을 실험적으로 확립하게 됩니다.

한편, 또 다른 프랑스의 화학자 조제프 루이 프루스트(Joseph Louis Proust)는 어떠한 화합물을 구성하는 원소들의 질량비는 항상 일정하게 나타난다는 **'일정 성분비의 법칙'**을 주장합니다. 이렇게 두 가지 법칙에서 밝혀진 원소의 특징을 통해 물질을 이루는 기본 단위에 관한 최초의 제안이 등장하게 됩니다.

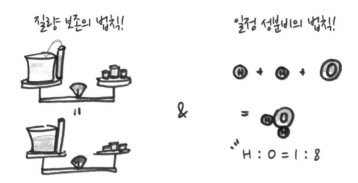

✚ 왜 화합물은 일정한 성분의 비로 결합하는 걸까?

그런데 뭔가 좀 이상했습니다. 왜 화합물들은 일정한 성분의 비로 결합하는 걸까요? 적은 양을 반응시켜도, 많은 양을 반응시켜도 항상 그 결과는 언제나 일정한 성분의 비를 나타냈습니다. 이를 연구한 자연철학자는 프루스트뿐만이 아닙니다. 수많은 자연철학자가 일정하게 성분의 비가 일어나는 이유에 대해서 명확한 답을 제시하지 못했습니다. 이러한 문제를 해결할 수 있는 아이디어를 제공함과 동시에, 고대의 철학자였던 데모크리토스의 생각을 화려하게 등장시키게 된 자연철학자가 바로 영국의 기상학자이자 물리학자 **존 돌턴**(John Dalton)입니다.

✚ 돌턴, 만물은 원자로 이루어져 있다!

영국의 물리학자 존 돌턴은 '물질이 더 이상 쪼갤 수 없는 가장 작은 단위로 이루어져 있다고 한다면, 그들이 반응에 참여할 때 항상 일정한 성분의 비를 나타내는 현상을 간단하게 설명할 수 있지 않을까?'라는 아이디어를 냈습니다. 아주 작은 기본 단위들이 복잡하게 결합해 물질의 구조를 이룬다는 돌턴의 주장은, 물질의 근원을 과학적으로 접근한 최초의 생각입니다.

　이는 앞선 데모크리토스의 원자론과 매우 흡사한 형태의 주장으로, 데모크리토스가 기원전 400~300년경인 그 옛날에 얼마나 근대적인 발상을 한 것인지 다시금 감탄하게 됩니다.

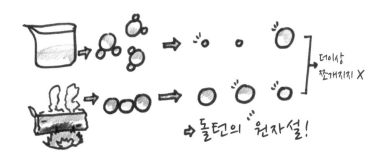

　이러한 돌턴의 주장을 바탕으로 과학계는 물질을 이루고 있는 기본 입자, '원자'에 관한 연구를 본격적으로 진행하게 됩니다. 1897년, 영국의 물리학자 J. J. 톰슨은 '크룩스관'이라고 부르는 실험기구를 통해 여러 실험을 수행하게 됩니다. 크룩스관이란, 둥그란 유리 실린더 양쪽에 극판을 두어 강한 전압을 걸면 음극판에서 발생하는 알 수 없는 선(Ray)을 관측할 수 있도록 만든 실험장치입니다. 이 장치는 '음극에서 발생한 선'을 방출하는 관이라는 뜻으로 음극선관이라고 부르기도 합니다.

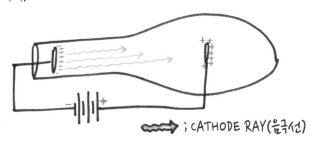

✦ 크룩스관 실험으로 '전자'의 존재를 규명하다

J. J. 톰슨은 크룩스관을 이용한 실험을 통해 음극선의 전자기적 특성 등을 이용한 음극선의 '질량 측정'에 성공하게 됩니다. 음극선은 전자기파와는 다른, 전하를 띤 질량을 가진 입자들로 구성된 '무언가'로 추정되었습니다. 바로 이 '무언가', 즉 음극선을 구성하고 있는 이 전하가 이후에 밝혀지게 되는 '전자(electron)'라고 부르는 입자입니다.

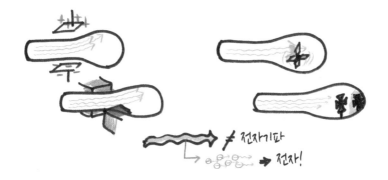

톰슨은 '전자'가 만물의 기원인 원자로부터 비롯되었다고 생각했습니다. 이에 톰슨은 양전하가 넓게 펴져 있는 공간에 전자가 마치 푸딩 속의 건포도처럼 박힌 '푸딩 모형'을 제시했습니다.

이후 1909년, 톰슨의 제자 중 한 사람인 물리학자 어니스트 러더퍼드(Ernest Rutherford)에 의해 톰슨의 푸딩 모형이 한 걸음 더 나아갈

수 있게 됩니다.

✛ 원자 속을 들여다본 러더퍼드의 α입자 산란 실험

러더퍼드는 그의 조교였던 한스 가이거(Hans Geiger)와 함께 알파
(α)입자를 방출하는 시료를 가지고 금박에 충돌시키는 실험을 했습니
다. 금박 주위에 필름을 둘러놓아 금박을 통과하지 못한 알파입자가
튕겨져 나온 위치를 측정하고자 한 실험이었습니다.

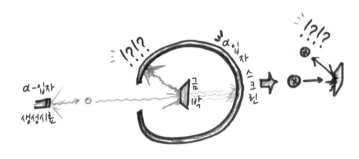

이 실험을 통해 러더퍼드는 상당히 흥미로운 결과를 도출해내게
됩니다. 무겁고 강한 알파입자의 일부가 금을 이루고 있는 물질 무언
가에 부딪혀 튕겨 나갔는데, 그 위치가 마치 단단한 벽에 부딪힌 것처
럼 입사된 방향의 반대 방향으로 관측되었던 것입니다. 이 실험 결과
를 톰슨의 푸딩 모형에 적용해 설명해본다면, 투수가 야구공을 커다
란 종이 면을 향해 전력을 다해 던졌는데, 종이가 뚫리기는커녕 야구
공을 튕겨낸 말도 안 되는 상황인 것입니다.

✛ 어째서 종이 면은 야구공을 튕겨낼 수 있었던 걸까?

왜 금박을 종이 면에, 알파입자를 야구공에 비유한 것인지 그 이
유를 간단히 알아볼까요? 우선, 톰슨의 푸딩 원자 모형을 다시 살펴

보겠습니다. 이 모형에서 양전하는 원자 전체에 골고루 퍼져 분배되어 있으며, 그에 해당하는 수만큼의 전자가 콕콕 박혀 있는 형태입니다. 그런데 이 형태라면, 양전하가 아무리 많더라도 맹렬하게 원자를 향해 날아가는 알파입자의 운동량을 고려해봤을 때 약간 위아래로 휠 수는 있을지언정 절대 170도에 가까울 정도로 뒤로 튕기는 일은 없어야 합니다. 이에 러더퍼드 실험팀은 이 실험 결과를 해석하기 위해 새로운 방안을 모색하게 됩니다. 이때 등장한 아이디어가 바로, 러더퍼드 모형의 핵심 아이디어입니다!

러더퍼드는 톰슨 모형의 한계를 극복하기 위해 모든 전자의 전하량을 합친 만큼의 양성자가 알 수 없는 힘에 의해 한 점에 모여 있는 형태를 고안하게 됩니다. 바로 그 위치에 정확히 알파입자가 입사하게 된다면, 양성자 점이 만드는 엄청난 반발력에 의해 이론상으로 입자를 뒤로 튕겨낼 수도 있는 일이 가능해지게 됩니다.

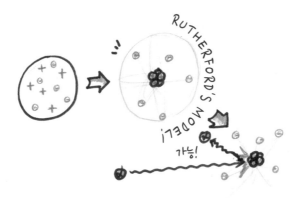

양성자가 한 점에 모여 하나의 '핵'을 구성한다! 이를 우리는 **러더퍼드의 '원자핵' 모형**이라고 부르고 있으며, 알파입자 실험을 계기로 모든 양성자가 한데 뭉쳐져 있는 '원자핵'이라는 개념이 처음으로 등장

하게 됩니다. 이 모형에 따르면, 원자를 구성하고 있는 양성자들은 '원자핵'이라는 형태로 중앙의 한 점에 모여 있고, 그 주변부를 원자핵의 전하량과 일치하는 양의 전자가 궤도 운동을 하는 형태를 띱니다.

✚ 러더퍼드 모형의 문제, 어떻게 해결할 수 있을까?

그러나 이 모델이라고 모든 현상을 다 설명할 수 있었던 것은 아닙니다. 원자핵 주위를 전자가 빙빙 돌게 될 경우, 움직이는 전자에 의해 필연적으로 발생하는 전자기파로 인해 결국 전자의 운동 에너지는 점차 소멸하게 되고, 이에 핵으로 점점 빨려 들어가 충돌하게 될 것이라는 약점을 지니고 있습니다.

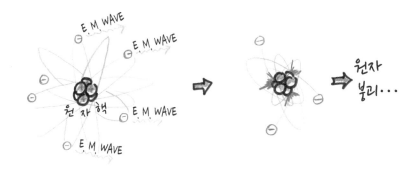

그런데 이 모든 과정의 속도는 눈 깜짝할 사이보다 훨씬 빠릅니다. 다시 말해, 눈을 감았다 뜨면 세상 모든 원자가 붕괴해버린다는 식의 상식적으로 말도 안 되는 일이 러더퍼드 모형에서는 일어날 수 있는 것입니다.

이에 러더퍼드 모형 궤도 문제의 해결책뿐만 아니라, 당시 실험 물리학자들에 의해 알려진 수소원자의 선 스펙트럼 방출을 효과적으로 설명할 수 있는 새로운 모형이 등장하게 됩니다. 바로 양자역학에서 절대 빼놓을 수 없는 인물인 덴마크의 물리학자 닐스 보어(Niels Bohr)가 만든 '보어의 원자 모형'이 이들 문제의 해결책이 되어주었습니다.

그런데 잠시, 보어의 모형이 효과적으로 설명했다는 '수소원자의 선 스펙트럼'은 과연 무엇일까요? 그리고 보어의 모형이 어떤 특징을 가지고 있길래 전자들이 궤도 운동을 하는 동안 에너지를 잃지 않을 수 있었던 걸까요? 이 보어 모형의 형태와 특징을 이야기하기 전에, 보어에게 이 같은 영감을 주었던 당시에 진행되던 또 다른 과학 이야기를 먼저 듣고 나면 보어의 모형이 훨씬 이해하기 쉬워질 겁니다.

그렇다면 보어 시대에 진행되고 있었던 또 다른 과학 이야기는 도대체 무엇일까요? 그 이야기는 빛의 성질에서 시작됩니다. 빛이 과연 파동인가, 입자인가를 따지는 것에서부터 시작된 빛의 본질에 관한 기나긴 과학사 이야기 속으로 들어가 보겠습니다.

빛의 본질에 관한 이야기

▶

'형설지공(螢雪之功)'이라는 말이 있습니다. 반딧불의 꼬리에서 나는 빛과 눈이 소복이 쌓인 앞뜰에서 반사되는 달빛이 이루어낸 공로라는 의미를 지닌 사자성어로, 밤낮으로 열심히 공부에 몰두해 관직에 오를 수 있었던 고대 중국의 동진 때 인물인 차윤의 일화를 바탕으로 만들어졌습니다. 이 사자성어는 피나는 노력의 상징처럼 쓰이고 있지만, 지금처럼 전기를 이용해 빛을 마음껏 만들어낼 수 있는 우리에게는 좀 낯설기도 합니다. 하지만 전기를 이용해 어둠을 밝히게 된 시기는 그리 오래되지 않았습니다. 우리나라에서 전기로 빛을 밝히는 등불을 최초로 이용한 시기가 1887년, 지금으로부터 불과 130여 년 전이니 말입니다.

인간은 사물을 보기 위해 빛을 이용합니다. 그런데 호기심 가득한 몇몇 사람들이 빛을 두고 합리적인 의심을 품기 시작했습니다. **빛은 과연 무엇일까?** 대체 빛이 무엇이길래 저 머나먼 하늘로부터 이 땅까지 내려와 우리가 무언가를 볼 수 있게 만들어주는 것일까? 이 같은 궁금증을 해결하다가 찾아낸 빛의 본질에 대해 여러분과 함께 알아보고자 합니다.

➕ 빛이란 대체 무엇일까?

빛의 본질에 관한 역사적 기원은 물질의 본질을 찾고자 했던 자연철학자 데모크리토스와 아리스토텔레스에게서 그 시작점을 찾을 수 있습니다. 데모크리토스는 빛은 모든 물질처럼 특정한 알갱이 덩어리들의 집합체로 이루어져 있으며, 이들이 한데 모여 움직인다는 빛의 입자설을 주장했습니다. 반면 아리스토텔레스는 네 가지 원소 가운데 하나인 불이 진동하면서 빛이 발생하는데, 이때 물결의 형태로 퍼져나간다고 주장했습니다. 다시 말해 빛은 파동이라는 것이죠.

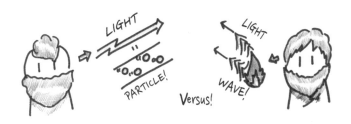

이때까지만 해도 빛은 이렇다 저렇다 할 확고한 기반이 없는 상태, 즉 **패러다임**이 없는 상태였습니다. 이후 시간이 흘러 1021년에, 아랍의 수학자이자 천문학자 이븐 알하이삼이 『광학의 서』를 통해 굴절과 반사의 특징을 지닌 빛은 입자일 것이라고 주장합니다.

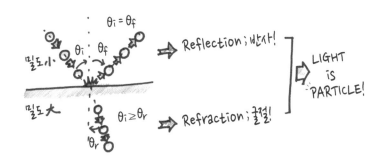

한편, 한참 시간이 흐른 뒤인 1625년, 프랑스의 철학자이자 물리학자 르네 데카르트는 네덜란드의 물리학자 스넬리우스(Willebrord Snellius)가 제안한 스넬의 법칙을 빛에 성공적으로 적용함으로써 빛의 굴절 현상을 파동을 통해 설명할 수 있음을 증명하게 됩니다. 흥미진진하죠? 그래서 과연 빛은 입자일까요, 파동일까요?

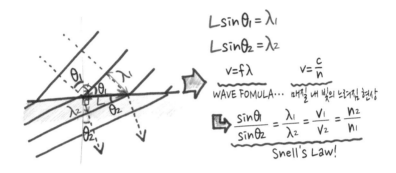

✛ 빛은 입자일까? 아니면 파동일까?

이러한 주장들을 바탕으로 과학계에는 보이지 않는 빛의 미스터리, 과연 빛은 입자인가 파동인가에 대한 대격돌의 서막이 열립니다. 하지만 불꽃 튀는 이 논란은 유감스럽게도 금세 한쪽으로 기울고 맙니다. 과학 혁명 시기에 물리학의 정점으로 칭송받던 아이작 뉴턴이 자신의 저서 『광학』을 통해 빛이란 작은 입자 알갱이 다발들의 흐름이라는 주장을 제기하자, 그 이후로 빛의 입자설이 압도적인 지지를 받게 됩니다.

그러나 뉴턴과 동시대를 보내던 두 명의 과학자는 빛의 파동설을 굽히지 않았습니다. '하위헌스의 원리'로 유명한 크리스티안 하위헌스(Christiaan Huygens)와 용수철의 탄성과 현미경학을 연구한 물리학자

로버트 훅(Robert Hooke)은 빛은 여타 다른 파동들과 같은 에너지의 흐름을 띤다고 주장했습니다. 특히나 훅은, 만일 빛이 입자라면 빛을 향해 빛을 쏘게 되었을 때 사방으로 빛이 튕겨서 흩뿌려질 것이 명백한데, 아무리 실험을 반복해도 빛이 충돌해서 사방으로 튀는 현상을 목격할 수 없다는 것을 근거로 빛의 파동설을 고수합니다.

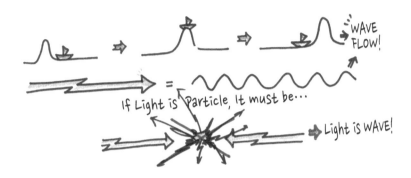

　하지만 당시 만유인력으로 우주의 운동을 거의 완벽에 가깝게 설명해냈던 바로 그 뉴턴이 빛이 입자라고 주장하는데, 일반 대중은 말할 것도 없거니와 그의 말을 거스를 수 있었던 자연철학자가 몇 명이나 있었을까요? 이러한 이유에서인지 당시 과학계에서 빛의 파동설은 비주류로서 머무를 수밖에 없었습니다. 하지만 이 같은 판도를 완전히 엎어버리는 **엄청난 발견**이 등장하면서 이후로 '**빛은 파동**'이라는 공식이 명확하게 자리 잡게 되었습니다. 이 발견이 바로 1801년에 시행된 영국의 의사 출신 물리학자 **토마스 영**(Thomas Young)의 **이중 슬릿 실험**입니다!

✛ 이중 슬릿 실험, 빛의 파동성을 적나라하게 보여주다

빛이 얇은 슬릿을 통과해 여러 점의 회절무늬를 만들어내는 이러한 현상은 파동의 대표적인 성질인 회절과 간섭에 의해 발생합니다. 간섭은 파장이 같은, 서로 다른 두 줄기의 파동이 만났을 때 일어나는 현상을 말합니다. 이러한 간섭에는 특별히 눈에 띄는 두 가지 상태가 있는데, 우연히 같은 위상이 만나 강렬하게 만들어주는 보강 간섭과, 정반대의 위상이 만나 서로가 서로를 지워주는 상쇄 간섭이 있습니다.

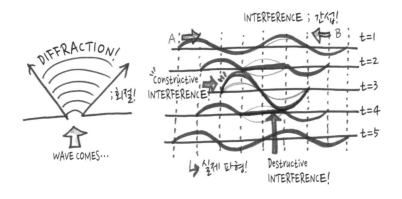

빛이 슬릿을 통과하면서 회절에 의해 벽면에 흩뿌려지게 되면, 특정한 위치에서는 같은 위상이 만나 보강되고, 또 다른 특정한 위치에서는 정반대의 위상이 만나 상쇄되면서 벽면에 찍힌 점무늬를 만들게 되는 것입니다. 이 같은 이중 슬릿 실험의 등장으로 빛의 파동성은 누구나 인정할 수밖에 없는 이론이 되었고, 180여 년 동안 굳건하던 **뉴턴의 입자설**에는 커다란 금이 생기게 됩니다.

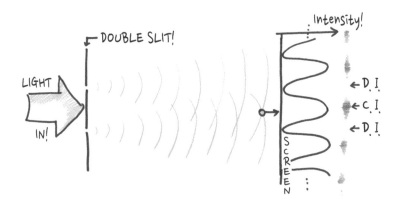

✚ 빛은 파동이라고 완벽하게 드러나다

토마스 영의 이중 슬릿 실험이 시행된 지 17년 후인 1818년, 빛의 파동설이 좀 더 견고해지는 근거를 오귀스탱 장 프레넬(Augustin-Jean Fresnel)이 구축하게 됩니다. 프레넬은 회절 실험을 통해 그동안 입자로는 설명되지 않았던 빛이 한쪽 방향으로 정렬하는 현상인 편광을 포함해, 결정면에 따라 빛이 두 갈래로 나뉘게 되는 복굴절 현상을 빛은 파동이라는 가정을 통해 설명해냅니다.

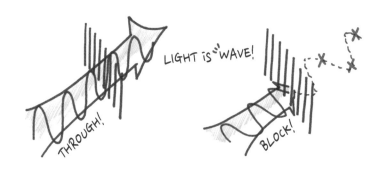

그리고 마침내 1865년, 19세기 물리학의 천재로 손꼽히는 인물 제임스 클러크 맥스웰이 「전자기장의 역학 이론」을 통해, 실험으로 피코와 푸조가 정밀하게 산출한 빛의 속력과 전자기파의 속력이 동일하다는 것을 수식적으로 밝혀내게 됩니다. 이후 뉴턴의 빛의 입자 패러다임은 완전히 붕괴되고 **빛의 본질은 파동**이라고 확정되게 됩니다.

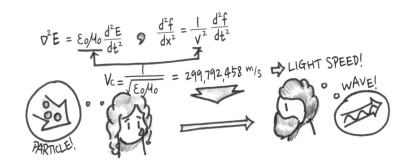

그렇게 20세기 초반까지 과학계는 빛이 파동이라고 확신하게 됩니다. 그러나 20세기 초, 세 개의 논문으로 과학계를 뒤집은 혜성처럼 등장한 젊은 과학자에 의해 **빛의 입자설이 부활**하게 됩니다. 이 패기 넘치는 과학자가 바로 그 유명한 알베르트 아인슈타인입니다.

✛ 아인슈타인은 왜 빛을 입자라고 생각할까?

아인슈타인의 대발견이 있기 바로 얼마 전인 19세기 말, 철강 산업의 발달로 인해 인류에게는 철강이 녹는 온도인 1,000℃ 이상의 온도를 측정하기 위한 기술이 필요했습니다. 이에 뜨거운 물체를 연구하던 과학자들은 고온의 물체는 빛을 방출하며, 그 온도에 따라 방출되는 빛이 다르다는 사실을 깨닫게 됩니다.

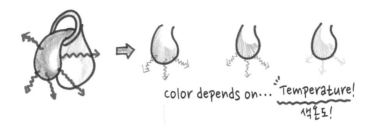

color depends on... Temperature!
색온도!

1893년, 독일의 과학자 빌헬름 빈(Wilhelm Wien)은 에너지를 가진 물체는 그 온도에 따라 특정한 파장의 전자기파를 최댓값으로 하여 모든 영역의 전자기파를 방출한다는 이론인 **'빈의 변위 법칙'**을 발표합니다. 이 법칙을 밝히는 실험에 사용된 도구가 그 유명한 '흑체'이며, 이 실험을 우리는 **'흑체복사 실험'**이라고 부릅니다.

이후, 빈의 변위 법칙을 열역학의 방법을 통해 설명하려는 노력들이 계속해서 생겨났고, 이 과정에서 영국의 물리학자 레일리(John William Strutt Rayleigh)는 '에너지 등분배 법칙'이라는 수식적 방법을 이용해 빈의 변위 법칙을 해석하고자 시도합니다.

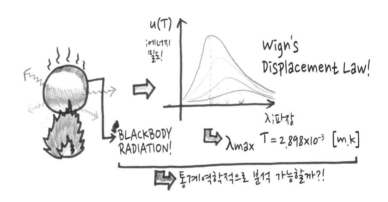

그러나 결과는 처참하게도 진동수가 낮은 영역에서만 일치하는 모습을 보였습니다.

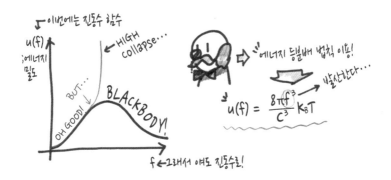

이 사태를 해결하기 위해 변위 법칙을 발견한 빈이 직접 나서서 레일리의 식을 약간 수정한 형태를 제안합니다. 그러나 이번에는 높은 진동수에서는 매끄럽게 일치하는 듯했으나 여전히 낮은 진동수에서는 약간의 오차를 갖게 되었습니다.

이 두 가지 공식을 1900년, 그러니까 20세기의 시작을 알림과 동시에 수학적인 방법으로 해결한 과학자가 바로 현대 물리학의 시발점을 제공했다고 칭송받는 독일의 과학자 **막스 플랑크**(Max Planck)입니다!

✚ 막스 플랑크의 양자가설, 연속의 세계에 불현듯 등장하다

플랑크는 빈의 공식에 특정한 상숫값을 대입해 완벽하게 빈의 변위 법칙에 나타나는 흑체복사 스펙트럼을 설명할 수 있게 되었습니다. 그러나 자신이 수학적 방법으로 만들어낸 공식을 아무리 뚫어져라 들여다봐도 이 공식이 도대체 뭘 말하는지 전혀 파악할 수 없었던 그는 자신의 공식에 상당한 불만을 가지게 됩니다.

그러나 플랑크가 품었던 어찌 보면 겨우 한 달 동안의 고민이 물리학사 전반에 걸쳐 얼마나 막대한 영향을 미치게 되었는지, 당시에 그는 전혀 상상도 못했을 것입니다.

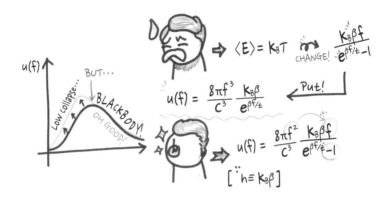

지금까지 과학자들은 세상에 존재하는 모든 에너지는 마치 전자기파의 스펙트럼처럼 그 값이 연속적으로 이어져 있다고 생각했습니다. 예를 들면, 10℃의 물과 11℃의 물 사이에는 무한히 많은 온도가 존재한다고 생각했죠. 이러한 생각을 우리는 과학 용어로 '연속적이다'라고 이야기합니다. 어느 시점에서 뚝뚝 떨어져 있는 것이 아니라, 그 값이 연속적으로 이어진다는 의미입니다.

하지만 플랑크는 이러한 생각을 뒤집는 완전히 놀라운 가설을 제안하게 됩니다.

'만약 에너지가 연속적이지 않다면? 어느 특정한 포장지 속에 차곡차곡 쌓여, 그 포장지의 배수로만 전달되는 것이라면 어떨까?'

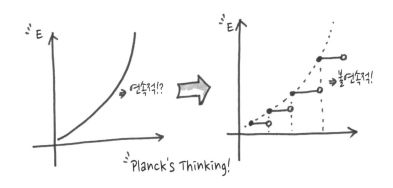

✚ 막스 플랑크가 이야기한 '양자화'란 무엇일까?

플랑크의 이러한 생각을 과학에서는 '**양자화**(Quantization)'라고 말합니다. '양자화'라는 용어는 양을 뜻하는 'Quantity'에 접미사 '-ization'을 붙여서, '특정한 양을 가진 틀로 만든다'라는 뜻을 가지고 있습니다. 예를 들어, 동전의 경우 500원이라는 틀, 100원이라는 틀이 있어서 그 가치를 담고 있으니 동전은 '양자화'되었다고 할 수 있죠. 이렇게 '양자화'되어 있는 대상은 '**중간 단계**'가 없다는 특징을 갖습니다. 실제로 동전 212.7원이라든가, 신발 1.2474켤레 같은 건 존재하지 않는 것처럼 말이에요. 예를 들어, 누군가가 "당신은 몇 살입니까?"라고 물어봤는데, 그에 대한 대답으로 "제 나이는 27.3342534살입니다"처럼 말하는 사람을 본 적 있나요? 나이는 한 해를 기준으로 '양자화'되어 있습니다. 이렇게 '양자화'되어 있는 대상, 즉 '중간 단계'가 없는 대상을 수학에서는 '불연속적'이라고 말합니다.

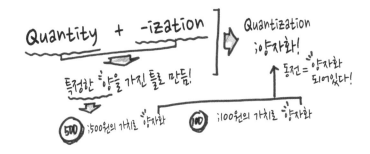

이와 마찬가지로 플랑크는 에너지도 어떤 특정한 값, 다시 말해 자신의 수식에서 임의로 설정한 플랑크 상수의 배수만 갖는 불연속적인 상태로 전달될 것으로 생각합니다. 이 생각이 바로 플랑크가 주장했던 가설, 플랑크의 '양자가설'입니다.

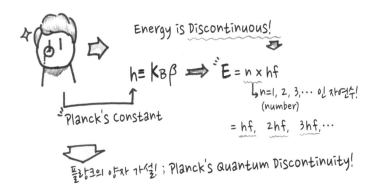

그리고 무슨 말인지 도통 알 수 없었던 플랑크의 에너지 공식은 이 양자가설을 통해 빈의 변위 법칙을 깔끔하게 설명할 수 있었음과 동시에 '에너지는 양자화되어 있다'는 의미를 지니게 됩니다.

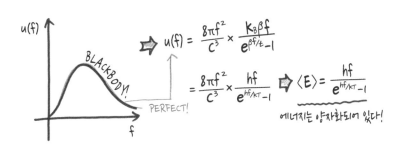

그런데 1905년에 이 양자가설은 스물여섯 살의 알베르트 아인슈타인을 만나게 되면서 상당히 매력적인 상상력으로 재탄생하게 됩니다.

✛ 아인슈타인, '광전 효과'를 '빛의 입자성'으로 설명해내다

맥스웰의 전자기파를 실험적으로 입증해낸 과학자 헤르츠가 이행했던 실험 중에는 '광전 효과'라는 매우 기묘한 실험이 있었습니다. 어느 특정한 진동수 이상의 빛을 금속판에 쬐면 그 금속판에서 전자가 튀어나오는 놀라운 발견이었습니다. 그러나 당대 어떠한 과학자도 이 상황에 대해 명쾌하게 설명할 수 없었습니다. 왜냐하면, 빛은 파동이기 때문에 아무리 진동수가 적은 빛이라도 아주 오랜 시간 동안 금속판에 빛을 쬐고 있으면 에너지가 계속 축적되어 결국에는 전자가 튀어나와야만 하는데 도저히 그런 일은 일어나지 않았기 때문입니다.

그런데 이 문제를 아인슈타인이 플랑크의 양자가설을 적용시켜 해결합니다. 빛이 가지는 에너지는 '양자화'되어 있으며, 그 양은 빛알 하나당 플랑크 상수라는 예쁜 그릇에 특정한 진동수의 빛이 차곡차곡 담겨져 이동한다는 '광양자 모델'을 발표하게 된 것이죠. 쉽게 말해서, 빛은 특정한 에너지를 가지는 알갱이, 즉 **빛은 입자임**을 다시 한 번 세상에 드러내놓는 논문이었던 것입니다!

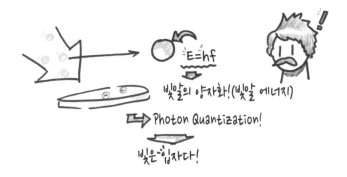

이렇게 되면 특정한 진동수 이상의 빛알은 전자를 튕겨낼 수 있는 에너지를 가지게 되어, 아주 조금만 그 빛을 비춰도 바로 전자가 튀어나가는 현상을 설명할 수 있게 되고, 반대로 특정한 진동수 이하의 빛알은 죽었다 깨어나도, 아무리 강하게 빛을 비춰도 전자가 튀어나갈 수 없다는 것을 이론적으로 설명할 수 있게 됩니다.

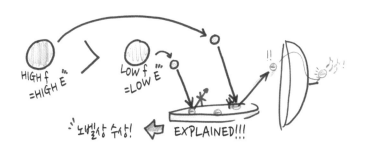

하지만 이러한 광양자설은 맥스웰 이후 확고하게 빛이 파동임이 드러났던 당시의 패러다임에 의해서 초기에는 별 영향력을 미치지 않았습니다. 이렇게 광양자설을 부정하던 과학자 가운데 로버트 밀리컨(Robert Andrews Millikan)이 있습니다. 그는 중력가속도를 기름방울 실험을 통해 수치상으로 얻어낼 정도로 실험 물리학의 천재로 꼽히던 인물로, 처음에는 아인슈타인의 광양자설에 격렬하게 반대해 어떻게든 낮은 진동수의 빛을 이용해 광전 효과를 일으키기 위해 노력했습니다. 그러나 결국 자신의 모든 실험 결과가 아이러니하게도 아인슈타인의 생각을 지지하는 증거가 되어버렸습니다.

✚ 아인슈타인, '광전 효과'를 '빛의 입자성'으로 설명해내다

아인슈타인의 기발하고도 참신한 아이디어는 발상 자체가 시대를 너무나 앞서갔기 때문에 과학자들은 그의 주장을 좀처럼 쉽게 받아들일 수 없었습니다. 하지만 마침내, 과학계가 빛의 입자성을 받아들일 수밖에 없게 된 사건이 1922년에 일어나게 됩니다. 미국의 물리학자 아서 콤프턴(Arthur Compton)이 엑스선을 이용해 광전 효과를 실험적으로 증명한 것입니다. 콤프턴은 엑스선을 전자와 충돌시킨 뒤 엑스선의 에너지를 확인하는 실험을 통해 전자의 산란을 측정하는 콤프턴 산란 실험으로 전자기파의 입자성을 명백하게 입증했습니다.

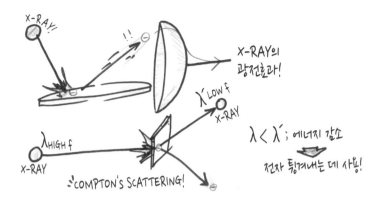

하지만 토머스 영의 이중 슬릿 실험이나 프레넬의 회절, 편광 실험 등은 빛의 입자성으로는 설명하지 못하는 부분이 여전히 남아 있습니다. 이에 과학계는 빛을 파동적 성질과 입자적 성질을 전부 가지고 있는 '이중성'을 지닌 특이한 대상으로 규정해버립니다.

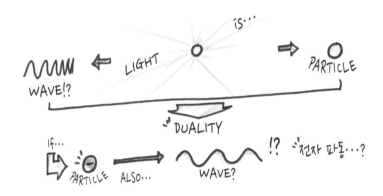

이렇게 **빛은 파동이면서 동시에 입자**라는, 상식적으로는 말이 안 되지만 여태껏 세상에 없었던 놀라운 성질을 지니는 대상으로 규정된 것이죠. 이러한 분위기 속에서 프랑스의 과학자 루이 드브로이(Louis de Broglie)는 아주 독특하고 재밌는 생각을 떠올리게 됩니다.

✦ 그럼 입자도 파동의 성질을 띨 수 있는 것 아닐까?

드브로이는 빛이 파동임과 동시에 입자의 성질을 지닌다는 사실을 통해 '혹시 빛뿐만 아니라 우주를 이루고 있는 모든 입자도 빛처럼 이중성을 지닌 것은 아닐까?'라는 상상력을 발휘하게 됩니다. 정말 기가 막힌 역발상이 아닐 수 없죠? 이 역발상은 놀랍게도 G. P. 톰슨(George Paget Thomson)에 의해 전자의 회절무늬가 X선의 회절무늬와 매우 흡사하게 나타난다는 것이 증명되게 되면서, 물질파 이론은 본격적으로 과학계의 주류 이론으로 등극하게 됩니다.

그러나 일반적으로 쉽게 상상하기 힘든 건 사실입니다. 입자가 파동의 성질을 띤다니 그게 정말 가능한 일일까요? 과연 빛뿐만 아니라 모든 물질이 파동의 성질을 띨 수 있다는 이 상상은 맞아떨어지게 될까요? 아니면 과학계의 저편으로 사라지게 될까요? 놀랍게도 그 해답을 찾는 과정은 원자의 세계를 들여다보는 학문인 양자역학으로 이어지도록 돕는 커다란 디딤돌이 됩니다.

여기까지 읽어 내려오신 여러분, 축하합니다! 양자역학적 사고에 도달하기 위한 모든 역사적 배경을 전부 들여다봤습니다. 이제부터 본 격적으로 양자역학이 무엇인지, 그리고 이 양자역학이라는 학문이 어 떻게 만들어지게 되었으며, 어떠한 형태로 자리 잡게 되었는지에 관한 이야기를 만나게 될 것입니다. 본격적인 이야기에 앞서 잠시 숨 고르기 를 위해 앞에서 다루었던 이야기를 정리해보도록 하겠습니다.

먼저, 물질의 근원에 관한 의문을 제시한 학자들의 이야기를 나누 었습니다. 아리스토텔레스는 4원소설을, 데모크리토스는 최초로 원자 설을 주장했으나 아리스토텔레스의 명성에 의해 원자설은 4원소설의 그늘 속에 가려지게 됩니다.

18세기, 화학반응과 물질의 상태를 연구하던 라부아지에와 프루 스트 등의 몇몇 자연철학자들은 기체들이 어떠한 환경에서도 계속 일 정하게 반응한다는 사실을 알아냅니다. 이를 통해 존 돌턴은 물질은 반드시 더 이상 쪼갤 수 없을 만큼 크기가 작은 무언가로 이루어져 있 을 것이라는 원자설을 주장하게 됩니다. 이후 전자기학의 발달과 방사 성 물질의 연구 과정을 통해 원자가 어떻게 이루어졌는가에 대한 연구 가 병렬적으로 자연스레 진행되었고, 이는 곧 돌턴의 원자설—톰슨의 푸딩 모형—러더퍼드의 태양계 모형 순으로 원자 모형의 발달이 이루어지게 됩니다.

Quantum Mechanics   Part 1

  한편, 인류의 오랜 궁금증 중 하나인 빛의 본질에 관한 연구도 이루어졌습니다. 빛의 성질에 관한 학문적 발견을 집대성한 뉴턴의 광학을 통해 빛은 입자임이 명백해 보였으나, 이후 토머스 영의 이중 슬릿 실험과 맥스웰의 전자기파 이론에 의해 빛의 파동성이 명확해지게 됩니다. 하지만 1905년, 광전 효과를 빛의 입자성을 이용해 설명해낸 아인슈타인과 X선의 전자 산란 실험을 증명해낸 콤프턴에 의해 빛의 입자성이 다시 부활하게 되면서, 빛은 입자이면서 파동인 기괴한 대상, 이중성을 지닌 대상이 되어버립니다.

Quantum Mechanics   Part 2

그리고 이 이중성의 성질을 모든 물질로 확장시킨 과학자 드브로이에 의해 물질파가 예언되었고, 이 물질파가 G. P. 톰슨의 전자 회절 실험을 통해 증명되면서 물질 또한 이중성을 지닌 대상이 되는 일이 일어나게 됩니다. 파동이면서 동시에 입자인, 신비롭고 기묘한 세계를 발견하게 된 것입니다!

이렇게 새로운 이론들이 파죽지세로 터져 나와 물리학사 전반에 걸쳐 가장 뜨거운 논쟁을 만들어낸 20세기 초를 지나게 되었습니다. 이제 세상은 익숙한 기존의 시선으로 바라보기를 거부하고 완전히 새로운 시각으로 도약하기를 꿈꾸는 과학자 집단을 만나게 됩니다. 이 무렵 양자역학의 본격적인 시작을 알리는 한 사건이 일어나게 됩니다.

과연 그 사건은 무엇이었을까요? 그리고 도대체 양자역학이 무엇이길래, 이러한 격렬한 논쟁의 중심에 서서 많은 과학자의 비난과 열렬한 환영을 동시에 받았던 걸까요? 보어의 원자 모형과 함께 등장하게 된 놀라운 비약의 학문, **양자역학의 탄생의 순간**을 이제부터 만나 보도록 하겠습니다!

✦ 양자역학, 그리고 닐스 보어

양자역학을 소개하는 과정에서 결코 빠질 수 없는 인물인 닐스 보어에 대해서 먼저 알아보겠습니다. 1885년 덴마크 코펜하겐에서 태어난 닐스 보어는, 덴마크에서 박사 과정을 마친 후 27세에 영국의 케임브리지 대학으로 다시 건너가게 됩니다. 그 이유는 음극선으로부터 전자를 발견한 인물인 J. J. 톰슨의 실험실에서 가르침을 받기 위해서였습니다. 하지만 당시의 보어는 영어에 서툴렀던 데다가, 실험 물리학자인 J. J. 톰슨은 이론 물리학자인 보어를 크게 신경 쓰지 않았기 때문에, 결국 보어는 지인의 소개를 통해 연구소를 옮기게 됩니다. 그 연구소는 J. J. 톰슨의 제자였던 **어니스트 러더퍼드**가 근무하던 맨체스터 대학교였습니다.

이게 무슨 우연의 장난인지, 마침 이 시기는 러더퍼드가 원자핵 주위를 돌고 있는 태양계 모델에 대한 실마리를 막 얻어내던 무렵이었습니다. 이것이 젊은 보어에게 커다란 영감의 소재이자 흥미로운 연구 대상이 되어주었습니다.

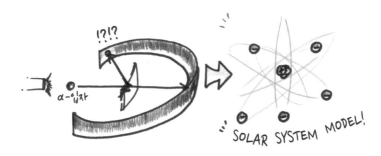

다행히 러더퍼드는 보어의 열정과 이론 물리학자로서의 재능을 높이 샀고, 보어 또한 그의 가르침을 성실히 이행했습니다. 그 과정에서 너무나 매력적이지만 당최 설명할 수 없는 치명적 약점을 가지고 있는, 러더퍼드 모델이 가지는 한계에 관해 깊은 고민에 빠집니다.

+ 러더퍼드의 태양계 모델을 어떻게 보완할 수 있을까?

보어는 생각했습니다.

'분명 전자가 움직이면 전자기파를 방출하며 에너지를 잃을 게 뻔한데, 왜 그러지 않고 원자는 붕괴되지 않는 걸까?'

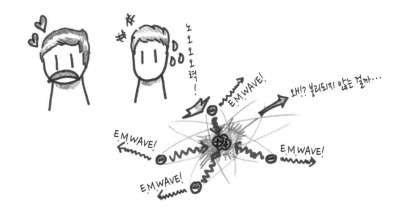

보어는 러더퍼드 모형뿐만 아니라 당대 발견되었던 실험적 결과들로부터 수많은 고민 끝에, 자신만의 비약적인 가설이 포함된 **새로운 원자 모델을 발표**하게 됩니다. 이제부터 그 원자 모델의 내용을 함께 들여다볼까요?

맥스웰에 의해 확립되었던 전자기학에 따르면, 전자는 단순히 가속하는 행위만으로도 전자기파를 방출한다는, 다시 말해 에너지를 방출한다는 특징을 가지고 있습니다. 그렇기 때문에 궤도상을 돌고 있는 전자는 점점 에너지가 줄어들어 결국 핵과 충돌해 원자가 붕괴될 것이라는 오류를 가질 수밖에 없었습니다. 그러나 만약 핵 주위에 존재하는 전자들이 에너지를 방출하지 않아도 되는 그러한 공간이 있다면? 전자가 아무리 궤도 운동을 한들 에너지를 방출하지 않아도 되는 그러한 공간이 존재한다면 어떨까요? 이러한 공간을 보어는 '정상 상태 (Stationary State)'라고 불렀는데, 단어 뜻에서 알 수 있듯이 변화가 없는, 즉 궤도상에 위치한 전자가 가지는 에너지의 변화가 없는 상태를 의미합니다.

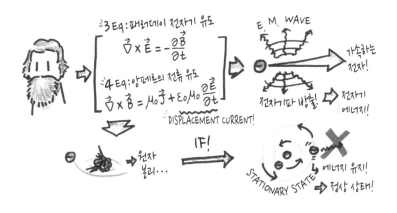

✚ 궤도가 '양자화'되어 있다?

게다가 이러한 궤도들은 특정한 에너지 값을 기준으로 '양자화'되어 있어서, 그 궤도상에 놓인 전자는 바로 그 궤도가 허락하는 에너지를 가져야만 궤도상에 존재할 수 있다는 특징을 가집니다. 이는 다시 말해, 특정한 궤도상에 있는 모든 전자는 동일한 에너지 값을 가진다는 의미이기도 합니다. 이것을 우리는 과학 용어로 '에너지 레벨', 또는 '에너지 준위'라고 합니다.

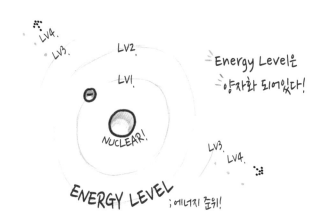

예를 들어, 첫 번째 궤도에서 허락하는 에너지가 1이라면, 첫 번째 궤도에 존재하는 전자들은 1만큼의 에너지를 가지고 있음과 동시에, 에너지를 잃지 않고 그 궤도상에 존재할 수 있다는 의미입니다. 마찬가지로 두 번째 궤도에서 허락하는 에너지가 4라면, 두 번째 궤도의 모든 전자는 4만큼의 에너지를 가지며, 역시나 에너지를 잃지 않고 그 궤도상에 존재할 수 있다는 의미입니다.

여기서 재밌는 점은, 첫 번째 궤도에 있는 전자가 두 번째 궤도로 '레벨 업' 하기 위해서는 외부로부터 1도, 5도 아닌 정확하게 3만큼의 에너지를 흡수해야만 두 번째 궤도로 레벨 업 할 수 있다는 사실입니다. 마찬가지로 두 번째 궤도에 있는 전자가 첫 번째 궤도로 '레벨 다운' 하기 위해서는 2도, 6도 아닌 정확하게 3만큼의 에너지를 방출해야만 첫 번째 궤도로 내려올 수 있다는 것을 의미합니다. 참으로 재미있는 전자의 궤도 이동 방식이 아닐 수 없죠?

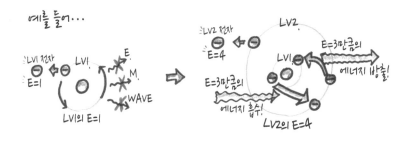

여기서 이 전자의 에너지를 흡수하고 방출할 수 있게 만드는 매개체가 바로 전자기파입니다. 이렇게 궤도 레벨의 차이만큼 해당하는 전자기파의 에너지'만'을 흡수하고 방출하는 현상을 이용해, 특정한 진동수의 빛만 흡수하는 흡수 스펙트럼과 특정한 진동수의 빛만 방출하는 선 스펙트럼을 보어의 모형이 아주 잘 설명할 수 있었던 것입니다!

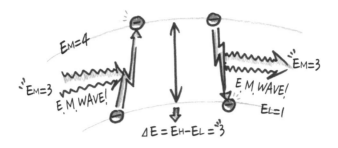

✚ 양자 도약!? 이게 무슨 말이야?

하지만 보어는 이에 그치지 않고 전자가 에너지를 흡수하거나 방출할 때 레벨 사이를 왔다 갔다 하는 과정에 대해서 정말 상상하기 쉽지 않은 형태를 주장하게 됩니다. 어느 특정한 궤도에 있던 전자가 다음 궤도로 올라갈 수 있는 만큼의 특정한 양의 에너지를 받게 되면, 그 순간 뽕! 하고 이동하는 '양자 도약'이라는 방법을 통해 궤도를 들락거린다고 주장합니다.

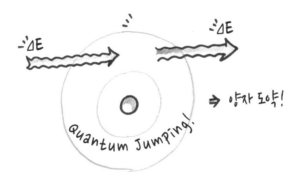

'도대체 이게 무슨 소리야?' 하고 있을 여러분의 머릿속에 그려질 수많은 물음표처럼, 보어의 이러한 가정은 당시의 과학자들에게 너무나 터무니없었을 뿐만 아니라 기존에 잘 쌓아두었던 물리학의 법칙을

완전히 무시한 새로운 방법이었으니, 당시 과학계의 평가는 충분히 알 만하겠죠? 그럼에도 불구하고 새로운 과학자 집단은 보어의 이러한 설명 체계를 열렬히 환영했습니다. 그도 그럴 것이, 도무지 알 수 없었던 수소 원자의 선 스펙트럼을 최초로 설명하려고 시도했다는 것은, 설령 이 설명 체계가 엉터리일지라도 무언가 **새로운 발견의 실마리**를 제공했다는 데에 가치가 있다고 여겼기 때문입니다.

하지만 놀랍게도 몇 년 후인 1914년, 두 명의 과학자 제임스 프랑크(James Franck)와 구스타프 헤르츠(Gustav Ludwig Hertz)의 합작 실험인 프랑크–헤르츠 실험이라 불리는 수은 증기 방전 실험을 통해, 전자 궤도의 양자화를 실험적으로 입증하게 됩니다. 이를 통해 보어의 가설을 실질적으로 뒷받침하는 결정적 계기를 제공하게 됩니다.

이후 1915년, 조머펠트(Arnold Sommerfeld)는 보어–조머펠트 양자화 이론을 통해 보어의 이론을 좀 더 일반화시켰지만, 유감스럽게도 1916년에 아인슈타인에 의해 양자화 이론이 가지고 있는 약점이 드러나게 됩니다. 아인슈타인은 수학적 방법을 통해 1차원으로 해석할 수 없는 궤도는 양자화가 불가능하다는 한계성을 지적했습니다.

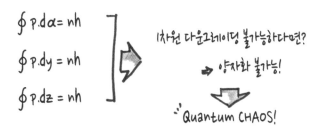

+ 아인슈타인, 본격적으로 양자역학의 세계에 발을 들이다

이 1916년은 아인슈타인이 일반 상대성 이론을 완성한 해이기도

합니다. 자신의 이론을 완성하자마자 바로 자신이 다루던 세계와는 완전히 다른 세계로 눈을 돌리게 된 것이죠. 그의 이러한 발자취에 의해, 결국 커다란 두 가지의 세계관이 충돌하게 되는 물리학사 최대의 논쟁을 맞이하게 되지만 말이에요.

원자를 이해하기 위한 이러한 끊임없는 시도들은 아인슈타인이 지적한 수학적 한계에 부딪히게 되면서 좀 더 명쾌한 이론이 필요해졌습니다. 그리고 바로 이 시점에서 조머펠트의 제자였던 한 과학자에 의해 한계점을 돌파하기 위한 중요한 단서를 발견하게 되는데요. 그 과학자는 바로 **베르너 하이젠베르크**(Werner Heisenberg)입니다.

✚ 새로운 역학 체계를 통해 양자 세계를 들여다보다

1925년, 하이젠베르크는 보어보다 훨씬 더 대담한 제안을 내놓습니다. 보어의 수소 원자 모형에서 핵심 양자조건인 궤도를 포기하고 '원리적으로 측정 가능한 양'을 근거로 원자를 분석해야 한다는 제안이 그것입니다.

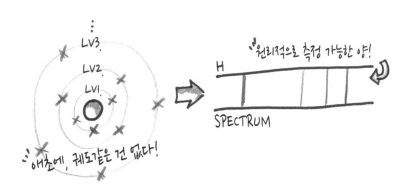

여기서 말하는 '원리적으로 측정 가능한 양'이란 무엇일까요? 그동안의 물리학, 특히 물체의 운동을 기술하는 역학은 어떠한 물체의

운동을 분석할 때 반드시 필요한 두 가지 요소, 위치와 운동량을 아는 것으로부터 출발했습니다. 이 두 가지의 물리량을 통해 과거의 움직임과 앞으로의 움직임을 예측할 수 있는 것이 지금까지 인류가 쌓아올렸던 역학 체계인 것이죠. 당연히 원자 또한 예외일 수 없었기 때문에 원자 안에 있는 전자의 운동을 분석하기 위해서는 반드시 전자의 위치와 운동량을 알아야 했죠.

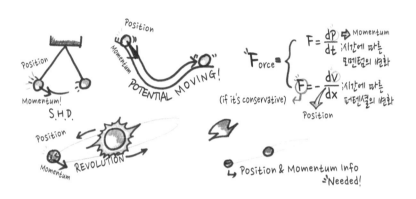

하지만 여기에서 궁금한 점이 있습니다. **전자가 움직이는 것을 실제로 본 사람이 있나요?** 전자를 최초로 발견해낸 과학자 J. J. 톰슨이 전자를 보았다고 말할 수 있을까요? 보어의 원자 모형을 통해 드러난 수소의 선 스펙트럼을 관찰한 것이 전자 자체를 본 것이라고 할 수 있을까요? 절대 아닙니다! 당시뿐만 아니라 **오늘날까지도 전자의 위치와 운동을 동시에 정확하게 관측한 과학자는 단 한 사람도 없습니다.** 그렇다면 우리가 실제로 볼 수 있는 것은 무엇일까요? 우리는 **원자가 방출하는 전자기파'만'을 볼 수 있는 것입니다.**

✚ 원리적으로 측정 가능한 양을 통해 분석한다: 행렬역학

이것이 바로 하이젠베르크가 주장한 '원리적으로 측정 가능한 양', 다시 말해 '우리가 실제로 관측할 수 있는 대상'이며, 정확히는 원자 속에 있는 전자의 도약에 의해 방출하는 전자기파를 의미합니다.

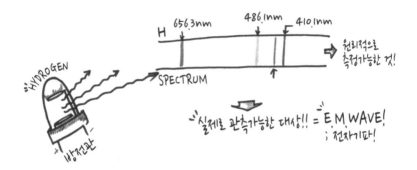

이러한 관측 결과를 정리한 보어의 궤도 모형을 통해 방출 가능한 모든 전자기파의 형태를 수학적 방법으로 정리하여 풀어보니 마치 '행렬'과 같은 모양새로 정리되었습니다. 그래서 이것을 '하이젠베르크의 행렬역학'이라고 부르게 됩니다. 기존의 위치와 운동량을 기준으로 대상을 분석했던 클래식 역학과는 달리, 선 스펙트럼이라는 관측된 값을 토대로 새로이 만들어진 역학 체계를 의미하죠.

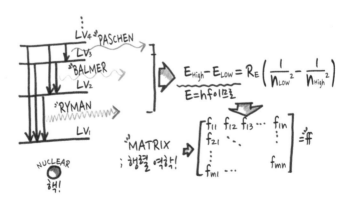

이 행렬역학에서 나타내는 값은 진동수이지만, 이 또한 수학적 방법을 통해 조금 더 정리하면 진동수를 통해 위치가 유도되며, 위치를 통해 운동량을 유도함으로써 클래식 역학에서의 필수요소인 위치와 운동량을 행렬로 기술할 수 있게 됩니다.

$$
ff = \begin{bmatrix} f_{11} & f_{12} & \cdots & f_{1n} \\ f_{21} & \ddots & & \vdots \\ \vdots & & & \\ f_{m1} & \cdots & & f_{mn} \end{bmatrix}
$$

$$
X = \begin{bmatrix} X_{11} & \cdots & \\ \vdots & \ddots & \vdots \\ & \cdots & X_{mn} \end{bmatrix} \Rightarrow \mathbb{P} = \begin{bmatrix} P_{11} & \cdots & \\ \vdots & & \vdots \\ & \cdots & P_{mn} \end{bmatrix}
$$

역학의 필수요소!

바로 이 시점에서, 자신의 행렬역학에서 유도된 위치와 운동량을 분석하던 하이젠베르크는 상당히 독특한 결과를 맞닥뜨리게 됩니다. 측정하려는 대상의 위치와 운동량, 다시 말해 위치를 결정짓는 요소와 운동 상태를 결정짓는 요소가 어느 하나의 값을 분명하게 측정해내려고 시도하면 다른 하나의 값은 점점 측정할 수 없게 되어버린다는 수학적 결론을 도출해내게 된 것입니다.

이를 우리가 그나마 이해할 수 있는 형태로 바꿔 말하자면 이렇습니다. 여기에 전자가 하나 놓여 있습니다. 하지만 우리는 이 공간 속에 전자가 놓여 있다는 사실만 알 뿐이지, 이 공간 속 어디에 있는지는 잘 모른다고 가정해봅시다. 전자가 어디 있는지 알아내기 위해서 빛을 쏘아볼까요? 그러면 빛은 전자에 반사되어 측정 도구로 들어가게 될 것입니다. 빛을 쬐어 반사된 빛을 관찰하는 방법! 이것은 우리가 물체가 어디에 있는지 알아내기 위한 가장 단순하고도 명쾌한 방법입니다.

하지만 전자의 위치를 발견함에 있어서는 그다지 좋은 방법은 아닌 듯합니다. 왜 그럴까요? 아인슈타인의 광양자 이론에 따르면 빛은 전자에 부딪힘과 동시에 전자를 어디론가 튕겨버리게 되는데, 이렇게 되면 설령 전자의 위치를 측정했다 하더라도 이 전자가 어디로 어떻게 튀어나갔는지 전혀 알 방법이 없어져 버립니다. 진동수가 높은 빛을 이용하면 이용할수록 더욱 더 정밀한 위치 관측이 가능해지지만, 그만큼 빛알의 에너지가 커지게 되어 전자를 더 맹렬하게 튕겨버리게 되고, 이렇게 되면 이전보다 위치는 정확하게 측정할 수 있겠지만 전자의 운동 상태는 더 파악하기 힘들어지게 되는 상황에 놓이게 되죠.

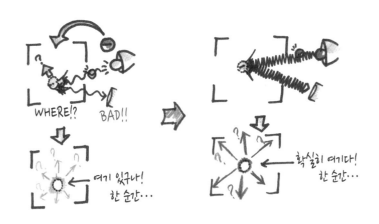

WHERE!? BAD!!
여기 있구나!
한 순간...

확실히 여기다!
한 순간...

+ 물리학, '관찰'이라는 행위의 한계에 직면하다

이것이 바로 하이젠베르크가 행렬역학을 통해 수식적으로 발견하게 된 원리로, 위치나 운동량의 오차 가운데 한쪽을 줄이는 것이 다른 한쪽의 오차를 늘리게 된다는 **불확정성 원리**입니다. 원자 크기의 세계에서는 측정이라는 행위가 측정 대상에 교란을 불러일으키기 때문에 결국 아주 작은 세계에 대한 정확한 측정 행위, 즉 **원자 내에 있**

는 전자의 위치를 측정한다는 것은 애초부터 불가능한 것이었다는 결론에 도달하게 됩니다.

　같은 시기에 드브로이가 주장한 물질파 이론의 증거를 찾고자 벨 연구소에서 기초과학을 연구하던 과학자 클린턴 데이비슨(Clinton Davisson)과 레스터 거머(Lester Germer)는 니켈 결정에 수직으로 입사시킨 전자 빔이 특정한 각도를 기준으로 파동의 성질인 회절을 일으킨다는 사실을 실험적으로 검증하게 됩니다. 이어 J. J. 톰슨의 아들인 G. P. 톰슨에 의해 전자가 슬릿을 통과해서 만드는 회절무늬가 X선의 회절무늬 패턴과 동일하다는 것을 성공적으로 증명해내면서, 입자로 생각했던 물질이 파동성을 띤다는 사실이 세상에 널리 알려지게 됩니다.

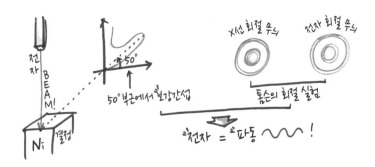

　그리고 이를 놓칠세라, 이러한 동향을 유심히 지켜보고 있던 한 과학자에 의해, 지금 이 순간에도 **여러분의 주변에서 일어나고 있는 일의 99퍼센트를 설명할 수 있는 아주 매력적이고 놀라운 방정식이 탄생하게 됩니다.** 그 과학자는 바로 **에르빈 슈뢰딩거**(Erwin Schrödinger)입니다.

✛ 물질파를 이용한다면 지금 당장 측정하지 못해도 괜찮다
: 파동역학

슈뢰딩거는 전자가 파동성을 지닌다는 사실을 통해, 당대 최대의 이슈였던 양자 현상에 대한 수학적 해석을 기존의 물리학을 버리지 않고도 해낼 수 있을 것이라는 막연한 기대감을 갖게 됩니다. 그리고 마침내 행렬역학이 세상에 공개된 지 1년만인 1926년, 「고윳값 문제로서의 양자화」라는 논문을 통해 전자의 파동성을 수학적으로 기술하는 방정식인, 일명 '슈뢰딩거 방정식'을 제안하게 됩니다. 이 방정식의 등장으로 모두가 놀랄 수밖에 없었습니다. 물리학계가 기존에 쌓아놓은 분야인 파동역학을 이용해서, 보어의 양자 도약을 포함한 하이젠베르크가 행렬역학으로 설명했던 모든 내용을 전부 동일하게 유도해낼 수 있었기 때문입니다.

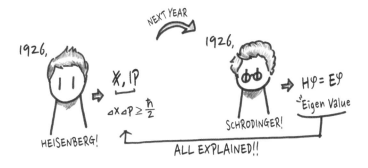

이 방정식이 세상에 공개되었을 때 과학계의 반응은 매우 뜨거웠습니다. 왜냐하면, 전자 궤도를 포기해야 한다는 것은 둘째 치더라도, 근본부터 새로운 접근법인 하이젠베르크의 행렬역학을 새로 습득해야 하는 건 너무나 번거로운 상황이었습니다. 그런데 슈뢰딩거가 제안한 이 파동 방정식은 기존의 물리학에서 너무나 익숙하게 다뤘던 '미분 방정식'을 활용하기 때문에 과학자들에게는 행렬역학보다 훨씬 더 친근하게 다가왔습니다.

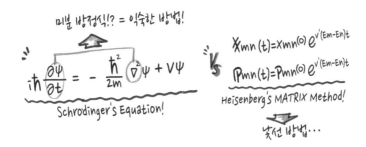

게다가 생각의 출발선 자체에 많은 비약이 있었던 행렬역학과는 다르게, 슈뢰딩거의 파동 방정식은 단지 '전자는 파동이다'라는 심플한 생각만 받아들이면 그만이었기 때문에 많은 과학자가 친숙해지는 데 한몫을 담당했죠.

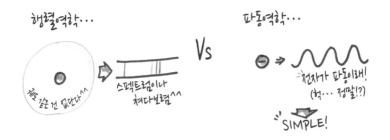

자, 쉬운 내용이 아님에도 불구하고 여기까지 잘 따라온 여러분께 질문 하나 해볼게요. '양자역학'이란 대체 무엇일까요? 그렇습니다! 양자역학이란, 바로 물질의 근원을 이루고 있는 원자, 그중에서도 원자 속에 들어 있는 아주 작디작은 존재인 전자가 어떻게 움직이는지 알기 위한 고민의 결정체입니다. 지금까지의 여정을 따라온 여러분이라면 바로 깨달았을 것이라고 생각합니다.

하이젠베르크는 원자의 세계, 즉 양자 세계를 이해하기 위해서는 **기존의 물리학을 버려야만 한다**고 주장했습니다. 그가 만든 행렬역학에는 뚝뚝 떨어진 상태들 사이의 불연속적 도약이라는 보어의 사상이 깔려 있었습니다. 반면 슈뢰딩거는 파동역학을 통해 양자 세계를 **충분히 기존의 방법으로 이해할 수 있다**고 주장했습니다. 파동은 모든 공간에서 펼쳐지는 일종의 패턴이고, 이러한 패턴은 연속적으로 변하며, 띄엄띄엄 불연속적인 에너지는 단순히 파동의 진동수가 특정한 값만 가지기 때문에 발생하는 특수한 현상에 불과하다고 주장했습니다.

그리고 마침내 이들이 맞닥뜨리게 된 1927년, 물리학사에서 가장 뜨거웠던 논쟁을 통해 결국 물리학계는 어느 한쪽의 손을 들어주게 됩니다. 이 논쟁의 내용은 과연 무엇이었을까요? 그리고 물리학계는 어느 쪽의 손을 들어주었을까요? 이제부터 양자역학을 어떻게 해석할 것인가에 관한 논쟁, '솔베이 전쟁'의 이야기가 시작됩니다.

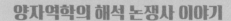
'슈뢰딩거 고양이'라고 혹시 들어보셨나요? 양자 현상을 설명하기 위해 자주 등장하는 이 친구는 사실 알고 보면 얄미운 비밀을 가지고 있습니다. 그 비밀은 과연 무엇일까요? 이번 장에서는 슈뢰딩거 고양이 실험 안에 숨겨진 진짜 의미를 하나씩 살펴보겠습니다.

1925년 6월, 양자역학은 하이젠베르크에 의해 행렬역학이라는 이름으로 처음 세상에 등장하게 됩니다. 아주 작은 세계, 즉 전자의 움직임을 이해하고자 했던 이 학문은 기존에 가지고 있던 물리학적 방법을 거부하고 완전히 새로운 물리학으로 나아가는 걸음을 내딛게 됩니다. 이듬해인 1926년, 슈뢰딩거는 기존의 물리학적 방법인 파동역학을 이용해 만들어낸 슈뢰딩거 방정식을 통해 하이젠베르크가 설명하고자 했던 전자의 실험적 특성을 모두 동일하게 설명할 수 있게 됩니다.

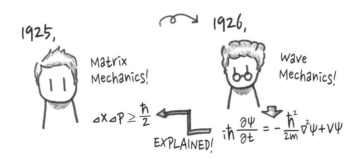

이에 과학계는 지저분한 데다가 논리적으로 비약이 심했던 행렬역학을 접어두고 파동역학의 등장을 반갑게 맞이하게 됩니다. 이렇게 전자의 행보를 설명하기 위한 양자역학은 **행렬역학**과 **파동역학**이라는 이름으로 마침내 세상에 그 모습을 드러냈습니다. 하지만 여기에는 본질적으로 커다란 문제가 기다리고 있었습니다. 바로, 두 체계를 만들어내는 데 기초로 사용된 **공리 체계**, 즉 기본 전제의 출발점이 완전히 달랐다는 점입니다. 동일한 대상을 설명하는 방법에 전제가 다를 수는 없다고 여긴 과학자들은 고민과 선택의 갈림길에 서게 됩니다.

이러한 분위기 속에서 과학자들은 필연적으로 양자역학을 어떻게 해석해야 할지에 관한 논쟁을 맞이하게 됩니다. 이번 장에서는 그러한 논쟁의 중심지이자, 양자역학의 해석이 어떻게 이루어져야 하는지에 관해 결정하게 된 회의, **제5차 솔베이 회의**에서 있었던 뜨거운 논쟁에 관한 이야기를 함께 살펴보겠습니다.

✛ 솔베이 회의, 20세기 물리학과 화학의 어벤저스가 되다

제5차 솔베이 회의를 이야기함에 앞서서 솔베이 회의가 무엇이며, 어떻게 만들어졌는지에 관해 먼저 알아보겠습니다.

에르네스트 솔베이(Ernest Solvay)는 염화나트륨과 탄산칼슘을 이용해 염화칼슘과 탄산나트륨을 만들어내는 공정인 '솔베이 공정'을 개발한 사업가입니다. 그는 당대의 명망 높은 학자들을 초청해 화학과 물리학의 이슈와 미해결 문제에 관한 토론을 펼치는 회의를 개최했는데, 그의 이름을 따서 솔베이 회의라고 이름 짓게 됩니다. 이는 현재까지도 물리학계 내에서 아주 권위 있는 회의로 꼽히고 있는데, 특히 **1927년에 시행된 제5차 솔베이 회의, 일명 솔베이 전쟁**으로 불리던 그 회의는 물리학사 전반에 걸쳐 가장 의미 있는 사건으로 불리고 있습니다. 이 당시에 의석을 채우고 있던 과학자는 닐스 보어와 알베르트 아인슈타인을 포함해 총 29명으로, 그 가운데 반이 넘는 17명이 노벨상을 받았다는 사실로 미루어 짐작컨대 얼마나 권위 있는 회의였는지 알 수 있겠죠?

이 다섯 번째 회의의 의제는 '전자와 광자', 다시 말해 아주 작은 세계의 주인공인 양자적 존재를 어떻게 해석할 것인가였는데, 이 같은 의제 때문에 양자 세계를 설명하는 두 세계관이 격돌하게 됩니다.

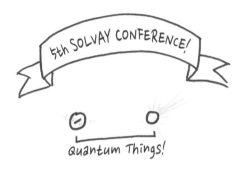

+ 양자역학의 두 세계관은 어떻게 대립하게 되었을까?

먼저 양자역학을 바라보는 두 세계관 중 불연속의 세계를 대표하는, 하이젠베르크가 주장했던 양자 도약의 세계관, **코펜하겐 해석**부터 들여다보면 이렇습니다.

"우리는 원자를 들여다볼 때 오로지 측정 가능한 것만 가지고 논의해야 한다. 지금까지 전자를 직접 본 사람은 아무도 없고, 앞으로도 그럴 것이다. 이것은 인간의 한계가 아니고 이 세계의 한계이며, 이러한 한계는 기술의 발전으로도 절대 극복될 수 없다. 관측 가능한 것은 무엇인가? 그렇다! 전자의 도약에 따른 전자기파만을 관측할 수 있다! 다시 말해, 보어의 이론에 따른 양자 도약만이 존재하는 것이다. 이에 따르면, 슈뢰딩거가 말한 공간상에 연속적으로 존재하는 파동이라는 개념을 가지고 전자를 설명하는 것은 애초부터 말이 안 된다. 불연속적인 관측만 가능한 세계를 연속으로 설명하다니, 이것은 애초부터 글러먹은 전제다."

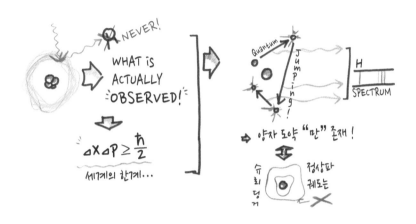

그리고 이를 유심히 지켜보던, 당시 베를린 대학에서 물리학 교수로 있던 아인슈타인은 하이젠베르크를 집으로 초대해 다음과 같이 반박합니다.

"물론 전자를 본 사람은 아무도 없다. 하지만 전자를 보지 못했다고 해서 전자가 정확한 위치와 속도를 가지지 못한다는 것은 너무 심한 비약이다. 우리는 빛이 물방울에 부딪혀 굴절이라는 방법을 통해 무지개가 생긴다는 것을 알고 있다. 수증기가 만들어내는 물방울은 눈에 보이지 않지만, 분명히 빛은 물방울 내부에서 굴절해 분산된다는 것을 우리는 전자기학을 통해 설명할 수 있다. 나와 같은 이론 물리학자들은 단순히 보이는 것만 가지고 이론을 만들어내지 않는다. 따라서 전자를 지금 당장 보지 못한다고 해서 불연속으로 단정 짓는 것은 받아들일 수 없다."

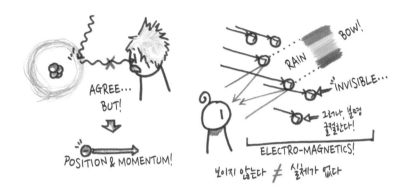

이러한 두 세계관, 다시 말해 보어와 불연속적 세계관에서 도출된 하이젠베르크의 행렬역학과, 아인슈타인이 극찬을 보냈던 슈뢰딩거의 연속적 세계관에서 도출된 파동역학은 분명 수식적으로 같은 결과를 이끌어냈으나 그 출발선이 달랐다는 이유로 논란의 중심에 서게 되었습니다. 나아가 이를 지지하는 학파가 양분되는 현상까지 일어나게 됩니다.

닐스 보어, 막스 보른, 베르너 하이젠베르크가 대표하는 불연속성의 세계관과, 알베르트 아인슈타인, 막스 플랑크, 에르빈 슈뢰딩거가 대표하는 연속성의 세계관.

두 세계관은 결국 1927년, 제5차 솔베이 회의 속에서 격돌하게 됩니다. 그 회의의 내용은 다음과 같습니다.

✚ 제5차 솔베이 회의장 견학하기

첫째 날의 주제는 두 가지 실험에 관한 내용으로 진행되었습니다. 먼저, 독일의 과학자 뢴트겐(Wilhelm Röntgen)에 의해 발견된 뢴트겐

선, 흔히 X선이라고 알려진 전자기파를 이용해 니켈 결정면을 통한 회절을 통해 X선의 파동성을 관찰한 윌리엄 브래그가 첫 번째 실험의 주인공입니다. 그리고 콤프턴 효과를 이용해 X선의 입자성을 확인한 콤프턴이 두 번째 주인공입니다. 첫째 날의 주제는 이처럼 전자기파의 이중성, 즉 빛의 이중성에 관한 토론이었습니다.

둘째 날은 물질파 이론을 만든 과학자 드브로이가 이끌었습니다. 그는 전자는 입자이지만, 공간을 타고 이동할 때는 공간상에 존재하는 어떠한 파동, 소위 '파일럿파'라고 불리는 파동을 타고 이동하기 때문에 전자가 파동성을 보인다고 설명했습니다. 하지만 공간을 타고 전파되는 전자기파가 에테르라는 보이지 않는 매질을 통해 전파되었다는 맥스웰의 기존 주장과 맥락이 비슷하다고 생각해서였는지, 드브로이의 후원자였던 아인슈타인마저도 이 이론은 외면했다고 합니다.

다음 날인 셋째 날, 양자역학의 두 세계관이 처음으로 충돌하게 됩니다. 오전에는 불연속성을 대표하는 과학자 하이젠베르크와 보른(Max Born)이, 오후에는 연속성을 대표하는 과학자 슈뢰딩거의 발표가 진행되었습니다. 하이젠베르크와 보른에 따르면, 자연은 불연속적이며 불확정성의 원리를 따르고, 슈뢰딩거가 기술한 파동 방정식의 본질은 사실 확률을 나타내며, 이에 양자 세계는 확률적으로 존재한다고 주장했습니다.

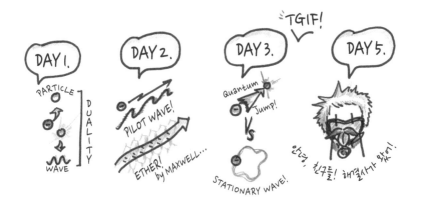

✚ 뭐? 세계가 확률적으로 존재한다고?

잠시 보른이 주장했던 확률 해석의 내용을 간단히 소개해보겠습니다. 보른은 슈뢰딩거가 제안한 방정식을 유심히 지켜보다가, 방정식을 만든 슈뢰딩거 본인조차도 설명해내지 못했던 파동의 의미를 수학적 방법을 통해 깨닫게 됩니다. 슈뢰딩거 파동의 해의 제곱값을 모든 구간에서 적분한 값을 1로 잡고 확률로 환산해 100퍼센트가 되도록 규격화할 수 있다면, 그 자체로서 존재하는 상태에 대한 확률을 의미한다는 것을 발견하게 됩니다.

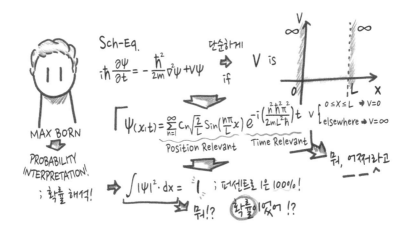

이를 막스 보른의 확률 해석이라고 부르며, 이 때문에 전자는 어느 특정한 공간에 실재하는 것이 아니라 확률적으로 여러 공간 내에 퍼져서 존재한다는 '오비탈', 다시 말해 궤도로 그려지는 공간 내에 구름처럼 퍼져서 존재한다고 설명했습니다.

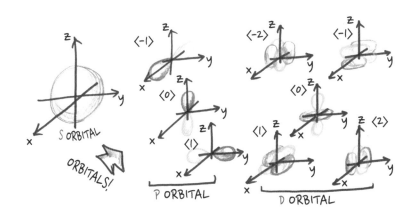

'대체 이게 무슨 소리야?'라는 생각이 들면서 이제 슬슬 머리를 잡아 뜯기 시작하는 여러분의 모습이 보이는 듯합니다. 보른의 확률 해석이 무슨 말인지 이해되지 않는다면 일단 **이 내용에 대해서는 그냥 넘어가도록 합시다!** 원래 확률이라고 하는 게 이미지로 떠올리기 매우 힘든 영역이거든요.

회의 셋째 날 오후에 슈뢰딩거는 자신이 착안해낸 방정식의 모태가 된 연속성을 지닌 세계관에 관한 이야기를 펼치게 됩니다. 오전 회의 동안에는 고요했던 회장의 분위기가 슈뢰딩거의 발표 후에는 보어, 보른, 하이젠베르크가 주축인 불연속성 세계관 옹호자들의 반발로 180도 바뀌었습니다. 그 공격의 대표적인 내용은 "만일 연속성이 정말로 사실이라면, 왜 양자 도약이 일어나는가?"라는 질문이었습니다만,

아쉽게도 슈뢰딩거는 이에 대한 해답을 제시할 수 없었습니다.

이어지는 넷째 날에는 회의가 없었고, 닐스 보어의 이야기로 시작된 다섯째 날에는 지금까지 침묵을 지키고 있던 아인슈타인이 드디어 반론을 시작했습니다. 바로 이날이 제5차 솔베이 회의의 별명을 만들어낸, 솔베이 전쟁의 시작을 알리는 포문이었습니다.

✚ 아인슈타인, 코펜하겐 해석을 정면으로 반박하다

보어는 기존 물리학의 이야기를 꺼내며 자신의 생각을 발표했습니다. 지금까지의 물리학은 측정을 당하는 대상과 측정하고자 하는 주체가 확실히 분리되었으며, 이 때문에 측정이라는 행위는 이미 대상이 가지고 있던 운동 상태 또는 성질을 재확인한다는 것에 불과하다고 주장했습니다. 쉽게 말해, 기존 물리학의 발상은 이미 세상의 모든 것은 확정되어 있는 상태이며, 이것을 우리는 측정이라는 행위를 통해 파악할 수 있다고 여겼다는 것이죠.

이러한 생각에 보어는 반론을 제기했습니다. 불확정성 원리에 따르면, 아주 작은 세계인 양자 세계에서 측정이라는 행위는 대상을 교란시키기 때문에 측정하고자 하는 주체와 대상이 분리될 수 없다고 주장한 것입니다.

막스 보른은 여기서 한 걸음 더 나가, 이미 측정하기도 전에 측정 대상이 확률적으로 여러 상태로 동시에 존재하는, 머릿속으로는 쉽게 상상하기 힘든 '중첩 상태'라는 개념을 처음으로 도입합니다. 측정이라는 행위 자체가 확률로 존재하는 측정 대상을 아주 짧은 순간 실제로 존재하게 한다는 '파동 붕괴'라는 개념을 통해, 이미 대상이 가지고 있던 운동 상태 같은 건 애초부터 없다고 주장합니다.

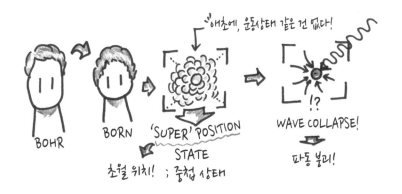

✚ 중첩 상태? 파동 붕괴? 관측하기 전에는 존재하지 않는다고?

　　이러한 주장을 전자를 통과시키는 토머스 영의 이중 슬릿 실험으로 설명해보자면 이렇습니다. 앞에 놓인 이중 슬릿에 전자를 한 발 쏘아봅니다. 코펜하겐 해석에 따르면, 아직 측정되지 않은 전자는 여러 상태가 동시에 존재하는 **'중첩 상태'**이며, 이러한 상태로 슬릿을 통과한 전자는 마치 파동과 같이 행동하여 이중 슬릿 스크린에 간섭무늬 형태의 결과를 만들게 됩니다. 그러나 무언가 전자를 확인할 수 있는 장치 등을 통해 전자의 궤적이나 위치 등을 어떤 방식으로든 확인하게 된다면, 확인되는 그 순간 전자는 마치 입자와 같이 행동하면서 측정된 그 슬릿을 통해 입자처럼 슬릿 구멍 모양으로만 무늬를 만들게 된다는 것입니다. 측정이라는 행위가 실험의 결과를 바꾼 것이죠!

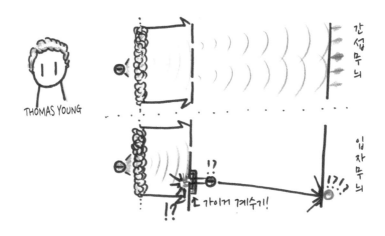

확률 붕괴? 보이지 않으니까 존재하지 않는다고? **중첩 원리?** 동시에 존재한다고? 이와 같은 '말도 안 되는 내용'을 어떻게 받아들이라는 건지, 아인슈타인은 회의장 내에서뿐만 아니라 죽을 때까지 코펜하겐의 해석을 받아들이지 않았으며, 보어와 만나기만 하면 그에게 **코펜하겐 해석에 대한 반론을 제기**했다고 합니다. 하지만 놀라운 것은, 그럴 때마다 보어는 아인슈타인의 모든 공격을 전부 막아냈다고 하니 보어도 대단한 과학자가 아닐 수 없죠?

✚ 빛보다 빠른 정보의 전달! 이것도 해결해보시지?

다시 본론으로 돌아와서, 아인슈타인은 파동 붕괴에 대한 반론으로, 만일 측정한다는 행위가 순간적으로 물질의 상태를 결정한다면 빛보다 빠른 정보 전달이 있어야 한다는 것을 지적하게 됩니다. 여러분과 제가 이해하기 쉽게 이 상황을 설명해보자면 이렇습니다.

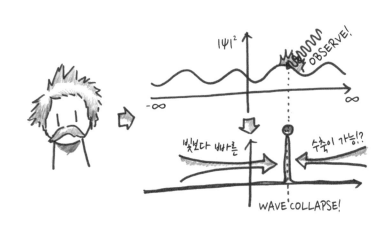

　전자가 파동함수를 제곱한 형태, 즉 모든 공간에 확률로서 분포한다면, 어느 특정한 공간에 순식간에 수렴하기 위해서는 모든 영역에 퍼져 있었던 정보들이 측정된 바로 그 순간에 그 좌표로 일제히 모여야 합니다. 이는 다시 말해, 우주 전체에 확률적으로 존재하던 전자 하나의 정보가 어떠한 원인에 의해 관측된 순간, 전 우주에 있던 그 정보는 순식간에 그 자리로 싹 다 모여야 한다는 것을 의미하며, 이 속도는 빛의 속도를 한참 뛰어넘기 때문에 우주에서 이러한 변화는 존재할 수 없다는 것을 지적한 것이죠.

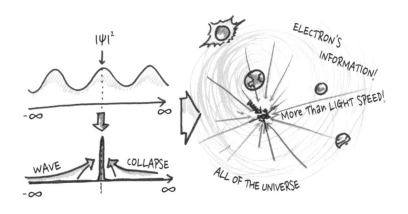

하지만 이러한 지적을 코펜하겐 학파의 지지자들은 받아들이지 않았습니다. 왜냐하면, 아인슈타인, 플랑크, 슈뢰딩거는 보른의 확률 해석에 대해 '정말로 전자가 모든 공간에 확률로서 실제로 존재한다'는 생각을 가지고 있었지만, 막상 코펜하겐 학파의 지지자들은 전자가 관측되기 전까지는 실재한다고 생각하지 않았거든요. 그들에게 있어서 아인슈타인의 이러한 지적은 무의미했습니다. 우주 전체에 전자의 정보가 실제로 퍼져 있는 게 아니라고 생각했으니까요. **정보는 '측정'이라는 행위가 '만드는 것'이라고 생각했던 것이죠!**

✚ 측정이 정보를 만든다니, 이게 대체 무슨 소리야!

그렇게 아인슈타인의 공격은 무로 돌아가게 됩니다. 연속성을 대표하던 최고의 과학자마저 반박하지 못한 코펜하겐 학파의 이러한 주장에 회의에 참석했던 과학자들은 손을 들어주게 되었고, 양자역학을 해석하는 방법은 결국 코펜하겐 학파의 해석으로 완결되게 됩니다.

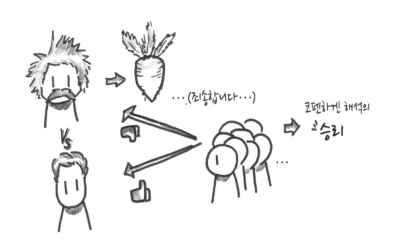

이에 대해 아인슈타인은 훗날 코펜하겐 해석의 본질적인 문제점

을 하늘에 떠 있는 달을 이용해서 지적합니다. 만일 코펜하겐 해석이 사실이라면, 내가 달을 보지 않는 동안 달은 확률적으로 여기저기 중첩 상태에 있다가 하늘을 보는 순간 달이 그 위치에 딱 존재하게 된다는 것인데, 그렇다면 다른 사람은 달을 보고 있지만 내가 하늘을 보지 않으면 달은 존재하지 않는 것이 되느냐는 식으로 비아냥거렸습니다.

여기서 또 하나의 문제점이, 양자역학에 적용되는 물리법칙을 우리가 살고 있는 거시 세계에 적용하면 안 된다는 반박을 하게 되는 순간 발생하게 된다는 점입니다. 코펜하겐 학파의 해석이, 대체 고전 물리학적 세계와 양자역학적 세계가 정확히 어느 시점을 통해 나뉘는지, 그 경계는 대체 어디일지에 관해 아무것도 제시할 수 없다는 것입니다. 작디작은 세계? 대체 얼마나 작아야 되는데? 분자 1개? 100개? 아니면 전자 2,000개? 도무지 이 양자역학이 통하기 시작하는 세계의 기준이 무엇인지 알 수 없다는 뜻이죠. 이에 대해서 코펜하겐 해석의 대답은 간단했습니다.

"닥치고 계산이나 해라!"

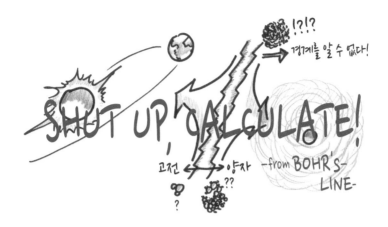

코펜하겐 해석의 이러한 이분법적인 사고는 당시 아인슈타인과 같은 생각을 했던 과학자들의 크고 작은 반박을 꾸준히 받았습니다. 그럴 때마다 보어는 코펜하겐 해석의 전도사임을 자처하며 그 사람들을 일일이 찾아가 납득할 때까지 설명했다고 합니다. 정말 대단한 열정의 소유자이죠? 하지만 보어의 그러한 노력에도 불구하고, 1935년 슈뢰딩거는 코펜하겐 해석의 한계점을 여실히 드러내는 하나의 논문을 발표하게 됩니다. 이것이 바로 양자역학하면 어디에서도 빠지지 않는 내용인 **'슈뢰딩거 고양이' 패러독스**입니다!

✚ 슈뢰딩거 고양이 패러독스, 양자역학의 약점을 꼬집다

슈뢰딩거는 아주 단순한 사고 실험을 통해 코펜하겐 해석이 분리시켜 놓은 거시 세계와 양자 세계를 이어버리는 놀라운 패러독스를 제안하게 됩니다. 그 실험의 내용은 이렇습니다.

먼저 고양이를 담을 수 있을 만한 크기의 상자를 구합니다. 이 상자에 미시 세계에서만 일어나는 현상인 방사성 붕괴를 일으키는 시료를 넣어둡니다. 이 시료가 한 시간 동안 방사성 붕괴를 일으킬 확률이 정확하게 50퍼센트라고 가정해봅시다. 만약 방사성 붕괴를 일으키게 되면, 시료 옆에 매달아둔 망치가 작동하게 되어 앞에 둔 독극물 병이 깨져서 결국 고양이가 죽게 됩니다. 이런 상자 안에 고양이를 넣고선 한 시간이 흘렀을 때, 과연 고양이는 어떻게 됐을까요?

이 시점에서 슈뢰딩거는 이렇게 이야기합니다. 만일 코펜하겐 해석이 맞는다면, 우리가 방사성 시료를 한 시간 동안 관측하지 않는다면 이 시료는 방사성 붕괴를 할 수도, 안 할 수도 있는 상태가 겹쳐서 존재하는 중첩 원리가 적용될 것입니다. 그렇다면 마치 도미노처럼 연결된 이 시스템은 시료뿐만 아니라 고양이 또한 죽은 상태와 산 상태가 겹쳐서 존재하는, 중첩 원리가 적용될 것이라는 얘기인데, 이는 현실 세계에서 일어날 수도 없을뿐더러 논리적으로도 말이 안 된다는 것을 지적한 것이죠. 다시 말해, **양자역학의 코펜하겐 해석이 '틀렸다'는 것을 꼬집은 논문이었던 것입니다.**

그렇습니다! 우리가 알고 있는 슈뢰딩거 고양이는 바로, 코펜하겐 해석을 비꼬기 위해서 고안된 사고 실험이었던 것입니다. 엄밀히 말해서 이러한 사고 실험은 아직까지도 완벽하게 해결되지 않았습니다. 하지만 정말 놀랍게도 슈뢰딩거가 비아냥거리기 위해 제시한 이 실험이 진짜로 그럴지도 모른다는 사실이 밝혀지게 됩니다.

✚ 뭐하러 고민해? 되나 안 되나 실험해보면 그만이지!

1999년, 오스트리아 빈 대학의 안톤 차일링거(Anton Zeilinger) 교수 연구팀은 슈뢰딩거 고양이의 이러한 사고 실험이 가능할 수도 있다는 실마리를 잡기 위해 어떤 특별한 실험을 구상하게 되는데, 결론적으로 그 실험이 성공을 거둡니다.

그 실험은 탄소 60개로 이루어진 풀러렌 구조를 이용해 이중 슬릿의 간섭무늬를 구현한 것이었습니다. 이 실험에서 사용된 풀러렌은 물론 거시 세계의 입장에서는 엄청나게 작은 존재이지만, 전자나 광자와 비교했을 때도 역시나 엄청나게 거대한 존재였기 때문에 이러한 실험이 성공했다는 것에 과학자들은 놀라움을 금치 못했습니다.

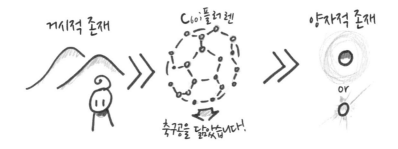

거시적 존재   C60 플러렌   양자적 존재

축구공을 닮았습니다!

or

그리고 놀랍게도, 이 실험 과정에서 어떤 조건을 만족시켰을 때 간섭 현상이 발생하는지에 관한 힌트를 얻어내게 됩니다. 그 힌트는 바로 '결 어긋남'이라는 아주 특별한 조건입니다.

✚ 결 어긋남! 양자역학의 모호한 구분선을 이어줄 수 있는 힌트를 제공하다

결 어긋남이란, 이중 슬릿을 통과하는 파동의 형태로 존재하는 전자를, 측정이라는 행위가 파동이 가지고 있는 고유의 성질인 결을 엉망진창으로 만들어서 간섭 현상을 발생시키지 않게 된다고 설명할 때 사용하는 용어입니다. 여기서 전자를 측정한 것은 인간인가요? 아닙니다! 전자 측정 계수기입니다. 결 어긋남 이론에서 주장하는 측정 대상은, 측정 당하는 주체를 제외한 모든 존재, 즉 전 우주가 측정하는 존재라는 의미입니다. 진공 상태에서 아무런 방해도 받지 않은 물체는 파동적 성질, 즉 결을 가지게 되고 그 때문에 파동처럼 행동한다! 그러나 어떠한 외부의 요인이 이 물체에 부딪치는 등의 행위로 결을 흐트려놓게 되면, 그 순간 입자처럼 행동한다! 이것이 바로 결 어긋남이 주장하는 물질의 이중성인 것입니다.

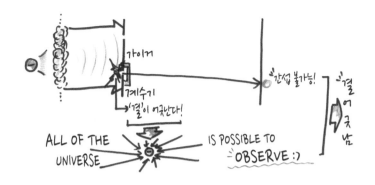

'우주는 그 자신의 존재를 위해 의식을 가진 생명체를 필요로 한다.'

위 문장은 1979년 노벨상을 수상한 물리학자 유진 위그너(Eugene Wigner)가 한 말입니다. 관측을 통해 정보가 구현되는 세상인 양자역학! 그리고 그러한 양자역학의 세계는 관측이 일어나지만 않는다면, 즉 아무런 방해도 받지 않는 상태라면 충분히 거시 세계에서도 중첩 원리가 가능하다고 말합니다. 동시에 존재하는 것이 가능하다? 정말 쉽지 않은 상상입니다. 이처럼 아주 작은 세계를 궁금해하던 수많은 과학자에 의해 지금도 양자역학은 한 걸음 한 걸음 앞으로 나아가고 있으며, 우리는 그러한 순수 과학의 발전을 곁에서 누리며 살아가고 있습니다.

다중 우주 이론, 양자 카오스, 양자 얽힘에 관해 이야기한 EPR패러독스까지, 아직 양자역학의 이야기들은 무궁무진하고, 우리가 가야 할 길은 멀기만 합니다. 이러한 흥미진진한 세계는 정말로 코펜하겐의 해석처럼 실재하지 않는 것일까요? 아니면 정말로 아인슈타인의 말처럼 인간의 능력으로는 알 수 없는 것일까요? 먼 미래에 언젠가는 전자의 실체를 보게 될 수 있는 날이 올 수도 있지 않을까요? 아니면 하이젠베르크가 수학을 통해 드러냈던 것처럼, 정말로 기술의 한계가 아닌 이 세계의 한계점이었을까요?

마블 팬이라면 누구나 흥미롭게 시청했을 바로 그 영화 〈앤트맨과 와스프(Ant-Man and the Wasp)〉를 본 적 있나요? 앤트맨은 인공두뇌학자 행크 핌이 만든 수트를 입고 몸을 개미만큼 작게 만들거나 건물만큼 거대해지게 만들어 적과 싸우는 매력적인 히어로입니다. 특히 이 앤트맨이 등장하는 시리즈는 그간 상상으로만 접하던 양자 현상을 SF 기술의 화려한 그래픽으로 탄생시켜준 고마운 영화이기도 합니다.

그런데 여러분, 궁금하지 않나요? 과연 양자역학의 어떤 요소가 앤트맨을 개미만큼 작게 만드는 상상력을 불어넣어 준 걸까요? 그리고 〈앤트맨과 와스프〉에서 양자 세계에 있는 줄로만 알았던 행크 핌의 아내인 재닛 반 다인이 어떻게 주인공인 스콧 랭의 몸을 통해서 메시지를 전달할 수 있었던 걸까요? 양자 세계에 들어간 행크 핌의 몸 주변으로 분신술처럼 보이는 핌의 여러 모습은 대체 무엇이었을까요?

이번 부록에서는 영화 〈앤트맨과 와스프〉에 녹아 있는 양자역학 이야기를 한번 만나보겠습니다.

✦ 앤트맨은 어떻게 작아지거나 커질 수 있는 걸까?

먼저 앤트맨의 트레이드 마크! 수트를 통해 몸을 줄였다 늘였다 할 수 있는 기적의 테크놀로지라 불리는 '핌 입자' 속 과학적 아이디어를 함께 알아보겠습니다.

원자는 원자핵이라는 양(+)전하를 띤 입자와 음(−)전하를 띤 전자로 이루어져 있습니다. 여기서 놀라운 것은, 원자 전체에서 원자핵이 차지하는 크기는 약 10만분의 1밖에 되지 않는다는 사실입니다. 전자는 더 심각해서 이렇게나 작은 원자핵보다 1,000분의 1만큼 더 작습니다. 다시 말해, 전자는 원자가 차지하는 크기의 약 1억분의 1밖에 되지 않는다는 뜻입니다.

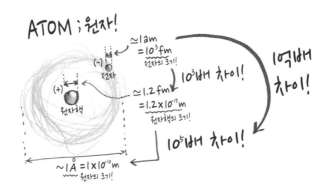

원자가 야구장만하다고 가정하면, 야구장 속의 야구공의 크기가 원자핵의 크기이고, 야구장 밖 멀리 떨어진 공간에서 날아다니는 먼지가 전자의 크기 정도라는 의미이지요. 다시 말하면, 이 세상을 구성하고 있는 **원자는 대부분 텅텅 비어 있는 공간**이라는 뜻입니다!

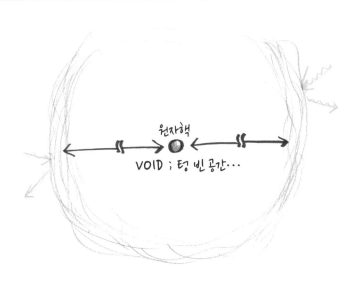

인공두뇌 학자 행크 핌은 생각합니다. '만약 이 원자 속 빈 공간의 여백을 임의적으로 늘였다 줄였다 할 수 있다면 세상에 있는 모든 것을 늘였다 줄였다 할 수 있지 않을까?' 이러한 상상에서 탄생한 것이 바로 '핌 입자'인 것입니다.

양자역학에 따르면, 원자 속에 아무리 빈 공간이 많다 하더라도

양자 세계에서 존재하고 있는 전자가 가질 수 있는 에너지는 띄엄띄엄 떨어져 있습니다. 이렇게 떨어진 공간에 특정한 양으로 정해져 있는 양을 '양자'라고 부르죠. 그리고 이렇게 에너지가 정해져 있는 공간을 제외한 모든 공간에는 입자가 존재할 확률이 매우 낮습니다. 〈앤트맨과 와스프〉 영화 속에서도 이런 희박한 공간을 잠시 확인할 수 있습니다.

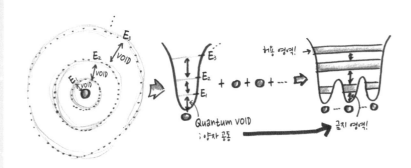

그런데 핌 입자는 이런 희박한 공간의 크기를 마음대로 조정할 수 있는 기적의 테크놀로지이기 때문에 원자의 크기 자체를 줄일 수 있고, 따라서 수트를 입은 상태로 몸집이 개미만큼 작아질 수도, 그리고 건물만큼 커질 수도 있는 것입니다.

+ 빛보다 빠른 정보 전달이 가능해? 양자 얽힘!

다음으로 주인공 스콧 랭의 몸을 통해 재닛 반 다인과 어떻게 통신이 가능했는지에 관한 이야기입니다. 스콧 랭은 행크 핌에게 자신의 꿈속에서 행크 핌의 아내이자 호프의 어머니인 재닛 반 다인이 되는 기묘한 체험을 한 사실을 알립니다. 이때 행크 핌은 스콧 랭에게 "재닛과 네가 **양자 얽힘 상태**인 것 같다"고 이야기합니다. 양자 얽힘 상태? 이건 무슨 말일까요?

여러분과 함께 간단한 사고 실험을 통해 양자 얽힘에 대해 알아보겠습니다. 먼저, 구별할 수 없는 두 개의 원통과 빨간 공과 파란 공 하나씩을 상상해봅시다. 이제 이 원통 안에 공을 하나씩 집어넣을 것입니다. 어느 공이 어디로 들어가는지 전혀 모르는 상태로 말이죠. 이제 이 원통 하나를 안드로메다로 보내버립니다. 그리고 하나는 여러분 곁에 두도록 하죠. 이렇게 하면 준비가 끝납니다. 이제 상상 속 그 원통을 열어 안에 어떤 공이 들어 있는지 함께 확인해볼까요? 어떤 색깔의 공이 들어 있나요? 저는 파란색 공이 들어 있습니다! 그렇다면 이 순간, 이 시점에 여러분과 저는 안드로메다에 있는 바로 그 원통 안에 어떤 색깔의 공이 들어 있는지 바로 알 수 있습니다.

✛ 어떻게 알았냐고? 애초부터 선택지는 두 개뿐이니까!

어떻게 알았냐고요? 애초부터 공의 색깔은 한쪽이 파란색이면 반드시 한쪽은 빨간색일 수밖에 없는, 딱 두 가지 조건밖에 없었기 때문입니다. 그런데 양자역학의 관점으로 볼 때 원통을 열기 전까지는 이 원통 안에 어떠한 색의 공이 들어 있는지 알 수 없고, 그렇다는 건 결국 이 상자 속에 있는 공이 확률적으로 정확히 반반인 상태가 동시에 존재하는 기묘한 상황이 발생하게 됩니다. 빨간색 공일 수도, 파란색 공일 수도 있다는 가능성이 2분의 1씩 공존한다는 뜻이죠.

그런데 이 시점에서 원통을 열어보는 '나의 관측 행위가 이 원통 속 공의 색깔을 결정지었고, 동시에 저 안드로메다로 보내진 원통 속의 공 색깔 또한 하나의 색으로 결정짓게 만든 것이죠. 약 250만 광년 떨어진 머나먼 곳의 정보가 단 몇 초 만에 전달된 것입니다.

이것이 바로 '양자 얽힘'이라고 하는 현상이며, 관측을 하기 직전까지는 원통 속의 공이 확정되지 않는 여러 상태가 동시에 존재하는 이러한 모습을 '중첩 상태'라고 합니다.

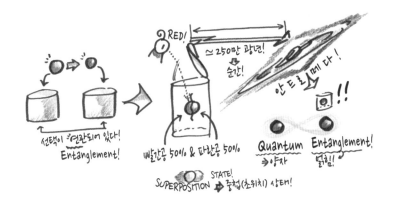

스콧을 통해 재닛이 연결될 수 있었던 이유는, 양자 영역을 들여다볼 수 있는 장치를 이용해 재닛을 관찰하려고 시도한 순간, 재닛의 상태가 결정됨과 동시에 재닛과 양자 얽힘으로 연결된 스콧에게 정보가 전달되는 모습을 SF적인 요소로 표현한 것이죠.

행크 핌이 양자 영역으로 돌입했을 때 몸에서 분신처럼 여러 상태가 보였던 이유 또한 양자 크기의 물체가 가지는 고유한 특성인 중첩

상태를 몸소 경험할 수 있는 크기까지 작아졌기 때문입니다. 아무리 SF영화라지만 정말 흥미롭지 않나요?

지금까지 여러분은 영화 속 깊숙이 스며들어 있는 양자역학에 관한 이야기를 함께 알아봤습니다. 물론 마블의 영화들이 과학 다큐멘터리 영화도 아니고, 극적 표현을 위해 양자역학의 개념을 과장하거나 왜곡해 사용한 것은 사실입니다. 그러나 양자역학적 요소들이 이제는 기술을 뛰어넘어 만화, 영화 등으로 우리의 삶과 점점 친숙해지고 있다는 사실이 정말이지 반가울 따름입니다. 아직 영화를 보지 않으신 분들이 있다면, 이 글을 읽고 한층 더 재미있는 영화 관람이 되길 소망해봅니다.

4부

온도로부터 밝혀진
우주의 법칙을 찾아서

열역학 이야기

http://bitly.kr/Cookie04

〈과학쿠키〉의 열역학 재생목록

0. 에너지란 무엇일까?

힘과 에너지 구분의 역사 이야기

▶

혹시 핫초코 좋아하시나요? 갑자기 쌀쌀해진 날씨에 차가워진 몸을 따뜻하게 데우는 데에는 이만한 음료가 없는 것 같습니다. 핫초코가 핫(Hot)한 이유는 핫초코 속의 물 분자의 진동, 즉 운동 에너지가 높아서 아주 활발하게 움직이기 때문입니다. 그런데 여기에서 '에너지'란 무엇일까요?

일상 속에서 우리는 '에너지'에 완전히 파묻혀 산다고 해도 과언이 아닐 정도로 수많은 '에너지' 속에서 살아가고 있습니다. 매일매일 우리의 몸을 가동하기 위해 쓰이는 생체 에너지는 물론, 말을 할 때 발생하는 소리 또한 에너지로 이루어져 있습니다. 여러분이 유튜브로 과학쿠키 영상을 볼 수 있는 것도 스마트폰에서 발생하는 빛 에너지가 시신경까지 에너지를 전달해주기 때문이랍니다.

이러한 에너지들은 셀 수 없을 만큼 다양한 형태로 세상에 존재하고 있습니다. 우리들은 은연중에 이 에너지를 아주 자연스럽게 활용하고 있지만, '에너지가 무엇인가요?'라고 물어본다면 다들 알고는 있지만 쉽게 답을 하지 못하곤 합니다. 그리고 더 재미있는 것은, 이 '에너지'라는 단어가 지금으로부터 겨우 약 160년 전에 처음으로 도입되어 쓰였다는 사실입니다! 그 이전까지만 해도 지금 우리가 사용하고 있는 '에너지'라는 용어는 '힘'과 크게 구분되지 않았습니다.

그래서 이번 장에서는 '에너지'를 '힘'이라고 불렀던 18세기 중반으로 돌아가, 말 그대로 '뜨거운' 대상 속에 숨어 있던 비밀의 힘, **칼로릭**(Caloric)에 관한 이야기로부터 출발하려고 합니다!

+ 힘, 증기기관, 그리고 칼로릭!

아주 오래전부터 기술자들은 자연의 힘을 이용해 인류의 삶을 풍요롭게 만들어주는 물건들을 발명해냈습니다. 예를 들어, 바람의 힘을 이용해 수레를 돌려 곡식을 찧는 풍차, 물의 낙차를 이용해 수레를 돌려 같은 용도로 활용한 수차가 바로 그렇습니다. 이 물건들은 자연의 힘을 이용해 인간이 해야 하는 일을 대신해주는 용도로서 아주 효율적으로 쓰여왔습니다.

그러다가 18세기 후반, 영국의 기술자 제임스 와트(James Watt)가 만든 열을 이용한 동력장치인 '증기기관'의 개발에 힘입어, '어느 특정한 힘'에서 '다른 종류의 힘'을 얻어내려는 방법, 다시 말해 힘을 옮기는 법에 대한 관심이 폭발적으로 증가하게 되었습니다. 1687년 출간된 뉴턴의 『프린키피아』 이후 많은 자연철학자들은 자연에 존재하는 다양한 힘들, 예를 들어 만유인력을 포함해 화학적 친화력, 전기, 열, 빛, 자기, 운동력 등등 이런 다양한 힘들을 어떻게 하면 효과적으로 이용할 수 있을까에 관해 연구하게 됩니다.

그리고 이러한 아이디어는 앞서 소개한 아주 특별한 하나의 '원소'로부터 출발하게 됩니다. 화학 혁명을 통해 명성을 알린, 18세기 중반에 활약한 프랑스의 자연철학자 라부아지에는 원소의 개념을 확장시킨 인물이기도 합니다. 그는 물질이 차갑고 뜨거운 상태로 존재하는 이유가 아주 특별한 하나의 '원소' 때문이라고 생각했습니다. 그의 주장에 따르면, 아주 특별하고도 눈에 보이지 않는 어떠한 '원소'가 물질에 달라붙으면 붙을수록 물질은 점점 뜨거워지고, 결국 흐물흐물해진다고 주장했습니다. 라부아지에는 바로 이 열을 전달하는 원소를 '**칼로릭**'이라는 이름으로 부르기 시작했고, 이 '칼로릭'이 붙었다 떨어졌다 하는 현상을 '**물질의 상태 변화**'라고 생각했습니다.

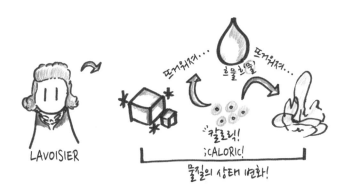

+ 화학 혁명을 이끌었으나 단두대의 이슬로 사라지다

라부아지에는 1790년에 세계 최초로 도량형 통일을 제안했을 정도로 과학적인 지식을 이용해 정치적 활동 또한 활발히 전개한 자연철학자였습니다. 그러나 그의 진보적인 성격과는 다르게 세금 징수 회사의 지분을 가지고 있었다는 이유만으로 단두대의 참극을 맞이하게 됩니다. 그의 죽음에 대해 위대한 수학자 라그랑주는 "이 머리를 베어버리기에는 일순간으로 충분하지만, 프랑스에서 같은 두뇌를 만들기 위해서는 100년도 넘게 걸릴 것이다"라는 이야기를 남겼습니다. 참으로 안타까운 역사의 한 장면이 아닐까 싶네요.

✚ '칼로릭'이라는 그의 유지는 계속 이어지다!

시간이 흘러 라부아지에의 뒤를 이어 스코틀랜드의 자연철학자 윌리엄 컬런(William Cullen)과 조지프 블랙(Joseph Black)은 '열' 성질의 원인이 되는 '칼로릭'이라고 불리는 물질이 과연 무엇인가에 관한 연구에 집중적으로 매달렸습니다. 이 두 사람의 연구 결과를 응용해서, 그때까지 광산에서 물을 퍼 올리는 용도로 사용하던 증기펌프를 대폭 개량해 증기기관으로 개발한 이가 바로 제임스 와트입니다.

제임스 와트에 의해 인류는 전례 없던 엄청난 성장을 맞이하게 됩니다. 대량 생산과 대량 공급이 가능해지면서 시작된 풍요와, 그로 인한 인구의 비약적인 증가, 기계문명의 본격적인 발달 등으로 산업 혁명이 도래하게 된 것입니다!

많은 기술자와 과학자 들이 '자연의 힘'을 이용해 기계를 돌리는 방법을 강구하던 시기에 제임스 와트는 '열을 이용해 인위적으로 동력을 만들 수 있지 않을까?'라는 발상을 통해 세계 최초로 증기 동력기관을 만들어내는 데 성공하게 됩니다. 뜨거운 열을 이용해 수증기를 만들어내고, 그 수증기가 실린더를 밀어내 바깥으로 방출되는 수증기에 의해 다시 원래 자리로 돌아가는 동작을 반복하면서, 열은 아주 효과적으로 운동을 만들어주는 힘인 운동력으로 전환될 수 있었습니다.

+ 증기기관, 인류의 손과 발이 되어주다

이렇게 발생한 동력은 그동안 인간의 직접적인 노동으로만 가능했던 일들을 대체하기 시작했습니다. 공장 생산의 부분적인 자동화는 물론, 세계 각지의 원료들을 운반하는 용도로도 탁월하게 사용되었습니다. 자연스레 열을 발생시키는 원료에 관한 수요가 늘기 시작했고, 그에 따라 석탄의 필요성 또한 날로 증가했습니다. 이제 세상의 기술자들은 '얼마나 적게' 연료를 사용해 '얼마나 많은' 일을 수행할 수 있도록 만들 수 있는지에 관한 가능성, 다시 말해 투입한 열 대비 생산되는 일의 양을 늘리는 **투자 대비 효율성**'에 관한 연구에 박차를 가하기 시작합니다.

그러던 가운데 몇몇 특이한 상상력을 가진 사람들에 의해 꿈의 아이디어가 탄생하게 되었습니다. 바로, 아주 약간의 일만 공급해도 영원히 작동할 수 있는 꿈의 동력기관, **영구 기관**에 대한 상상입니다!

+ 영원히 작동할 수 있는 기관이 있다면?

단 한 번의 일을 통해 영원히 일을 할 수 있는 도구에 관한 상상은, 사실 이미 고대 그리스의 발명가들로부터 시작되었습니다. 예컨대, 수차의 경우 높은 곳에서 낮은 곳으로 물이 떨어지며 수차를 돌리고 있는데, 그 수차의 회전으로 다시 물을 퍼올릴 수 있는 기관이 있다면 어떻게 될까요? 만약 떨어지는 물에 의해 만들어지는 수차의 동력이,

떨어지는 물보다 더 많은 물을 끌어올릴 수만 있다면요? 이것이 가능하다면 영원히 일을 할 수 있는 수차가 발명되지 않을까요?

영구 기관은 그 존재 자체만으로도 사람이 해야만 하는 일을 대신할 수 있는, 그것도 영원히 멈추지 않고 할 수 있는 엄청난 도구가 될 것입니다. 다시 말해, 동화 속에서나 존재할 법한 환상의 존재, 황금알을 낳는 거위가 될 수 있다는 기대를 품게 된 것이죠.

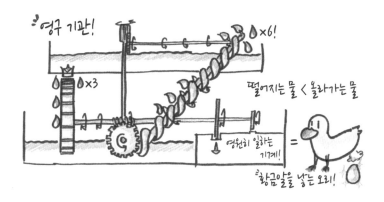

때문에 이 '황금알을 낳는 거위'를 만들어낼 수 있을 것이라는 희망에 찬 몇몇 발명가와 투자자, 자연철학자 들은 영구 기관을 찾는 일에 몰두했습니다. 그러나 18세기 말, 수많은 자연철학자들은 직관적으로 이러한 기관의 개발은 막연히 불가능할 것이라고 여겼습니다. 상식적으로 생각해봤을 때, 처음에 그 기관을 돌리려고 투입한 힘보다 더 많은 힘을 발생시킨다는 것은 기관 전체로 볼 때 불가능하다고 생각했기 때문입니다. 당시의 주류였던 과학계의 통념인, 힘에서 힘으로의 전환에 관한 사고에 따른다면 이 영구 기관은 크게 벗어나 있다고 생각했기 때문이죠.

그러던 와중에 묵묵히 열기관 문제의 가장 핵심적인 본질, 즉 투입한 열 대비 최대 효율을 어떻게 하면 뽑아낼 수 있을까에 관한 궁금증을 집요하게 쫓은 한 사람이 있었습니다. 그 과학자에 의해 인류는 열의 효율을 극단적으로 뽑아낼 수 있는 이상 기관의 형태를 만날 수 있게 됩니다. 이 기관을 우리는 '**카르노 기관**'이라고 부르는데, 이 기관을 상상해낸 인물이 바로 프랑스의 기술자이자 자연철학자 **사디 카르노**(Nicolas Léonard Sadi Carnot)입니다!

✛ 사디 카르노, 열의 흐름을 읽어내는 데 성공하다

카르노는 와트의 증기기관을 유심히 살펴보면서, 증기기관 속에서 라부아지에가 말했던 열의 원소인 '칼로릭'이 어떻게 움직이는지를 분석했습니다. 그 결과, 카르노는 '증기기관의 본질적인 작동 원리만 완벽하게 알아낼 수 있다면, 열의 힘으로부터 전환되는 운동력을 극대화시킬 수 있을 것이다'라고 생각했습니다. 나아가 '충분할 정도로 단순하고 보편적인 가상의 열기관을 찾아내, 그러한 이상 기관을 바탕으로 기관을 디자인하면 기관의 효율을 개선할 수 있지 않을까?'라는 발상을 떠올리게 됩니다. 이러한 생각을 쫓아 이상적인 기관의 형태를 고안하기 위해 노력했습니다.

카르노가 분석한 증기기관 내에서의 칼로릭의 이동 과정은 다음과 같습니다. 먼저, 화로 속의 석탄이 활활 타오르면서 주변의 칼로릭을 듬뿍 끌어당기게 됩니다. 이 칼로릭은 화로를 통해 물로 이동하면서 물 분자 주변으로 차곡차곡 쌓이게 되어 물의 상태 변화를 일으키게 됩니다. 칼로릭을 듬뿍 지닌 물, 즉 수증기는 실린더 안으로 이동하게 되는데, 이때 발생하는 압력에 의해 기관을 반 바퀴 회전시키게 됩니다. 이 과정 속에서 서서히 칼로릭을 잃게 된 수증기는 다시 물로 응결되면서 뿌연 안개 형태로 기관 바깥으로 배출되게 되며, 여기에서 발생한 운동력이 다시 기관을 반 바퀴 회전시키게 됩니다. 카르노는 이와 같이 증기기관이 동력을 만들 수 있는 본질적인 원리가 바로 '칼로릭'의 이동 때문이며, 증기는 칼로릭을 운반하는 운반자로서의 역할을 수행한다고 주장했던 것입니다.

또한 카르노는 이렇게 운반되며 일을 수행하는 칼로릭은 결코 소모되지 않으며, 순수하게 기관을 따라 이동하면서 열의 힘을 운동력으로 바꿔주는 역할만 할 뿐이라고 이야기했습니다. 따뜻한 물이 지니고 있는 칼로릭의 운동, 이것이 바로 카르노 기관의 원리인 것입니다!

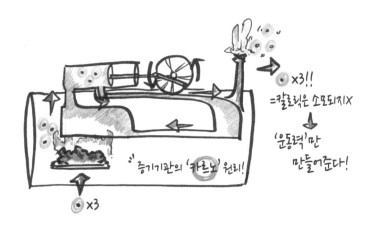

최저의 비용으로 최대의 효율을 이끌어낸다! 사실 이러한 발상은 기술자의 사명으로서의 영향도 있지만, 카르노의 공화주의적 성향 때문이기도 합니다. 카르노는 자신의 공학적 지식이 민중의 풍요와 번영을 일궈낼 수 있는 곳에 사용되길 간절히 바라는 마음에 이 일을 시작했다고 합니다. 그럼에도 불구하고 그의 논문은 사람들의 관심을 크게 끌지 못하게 되면서, 결국 시대의 흐름 속에 잊혀지는 듯했습니다. 그러나 그의 논문이 발표된 지 약 25년 뒤, 과학계에 전례 없던 힘의 변환에 관한 본격적인 연구 패러다임이 형성되면서, 드디어 세간의 관심을 받게 됩니다.

✚ 새로운 동력, 힘의 전환적 사고에 불을 지르다

덴마크의 물리학자 한스 크리스티안 외르스테드는 볼타 전지에서 발생한 전기의 힘, 전류의 힘이 나침반을 움직이는 현상을 우연히 관찰하게 됩니다. 이때 전기의 힘이 자기의 힘으로 전환되는 것을 발견하게 됩니다.

이어 프랑스의 물리학자 앙드레 마리 앙페르는 전류를 돌돌 말아서 솔레노이드(나선형 전선)를 만든 뒤 전류를 발생시키면 마치 자석과 같아진다는 것을 발견하게 됩니다. 이렇게 전류의 힘으로 자석의 힘을 만들어내게 되는데, 이는 우리가 앙페르의 법칙으로 부르는 전류의 자기적 현상입니다. 오른손을 들고, 엄지손가락을 전류의 방향에 맞추면 감아 들어가는 네 손가락이 자기장의 방향! 또는 네 손가락을 전류의 흐름으로 맞추면 엄지손가락이 자기장의 방향! 기억나시죠?

이어 영국 실험 물리학의 꽃을 피운 자연철학자 마이클 패러데이는 자석의 자기력과 전류의 전기력을 교묘하게 이용하면 두 힘의 반발에 의해 동력이 발생한다는 사실, 즉 전기와 자기의 힘을 이용해 동력을 만들어낼 수 있다는 사실을 발견합니다. 그 결과, 그간 열을 통해서만 가능할 줄 알았던 동력의 획득이 전기학과 자기학을 통해서도 가능할 수 있을 것이라는 엄청난 발견을 이뤄내게 됩니다.

인위적으로 만들어낸 '열'만이 동력으로 바뀔 수 있다고 생각했던 산업 혁명의 과학을 넘어, 이제 시대는 전기의 힘과 자기의 힘 또한 운동력으로 바뀔 수 있다는 것을 깨닫게 된 것입니다! 이러한 발견은 후대에 등장하는 천재 수학자들과 과학자들에 의해 현대 전기 문명의 포문을 여는 걸음으로 이어지게 됩니다.

이제 슬슬 이번 장의 제목에 대해 다시 한번 이야기해보겠습니다. '에너지'란 과연 무엇일까요? '운동력'이라는 말에서도 알 수 있듯, '에너지'는 무언가 운동할 수 있도록 만들어주는 존재, 즉 '일'을 만들어주는 근원이라는 의미를 지닌다는 것을, 힘의 전환이라는 과거의 아이디어로부터 알 수 있습니다. 하지만 아직 궁금한 게 남아 있습니다. 당시에는 어떤 하나의 '힘'이 다른 '힘'을 만드는 과정에서 점점 사라진다고 생각했는데, 정말로 힘은 이쪽 힘에서 저쪽 힘으로 넘어가는 과정, 즉 전환 과정에서 소모되어서 결국 모두 사라지게 되는 걸까요?

▶

에너지는 인간이 삶을 영위하는 데 있어서, 아니 그보다 더 넓은 범위로 보았을 때 생명체가 온전히 살아가기 위해 반드시 필요한 대상입니다. 생존과 풍요의 욕구를 넘어, 번영의 욕구에 이르기까지 우리 삶에 있어 절대적으로 필요한 존재입니다.

이제부터는 '힘'의 전환 과정 속에서 힘이 과연 보존되는지, 아니면 사라지는지에 대해 하나씩 살펴보고자 합니다. 그런데 놀랍게도 이 궁금증은, 우리가 살고 있는 이 장엄한 우주를 이루는 아주 위대하고도 놀라운 하나의 법칙으로 탄생하게 됩니다. 이 이야기의 중심에 서 있는 세 명의 인물과, 그들이 궁금하게 여겼던 과학적 의문인 '힘'의 이동은 과연 보존되는가에 관한 과학사 이야기를 함께 들여다보겠습니다!

＋ '칼로릭' 없이 '열기관의 작동 원리'를 설명할 수 있을까?

'에너지'의 변환, 과거 당시의 개념으로 이야기하자면 '힘'의 변환은 1830년대 후반부터 본격적으로 물리학자들의 연구 대상이 되었습니다. 앞서 이야기했듯이 열, 화학, 전기 등은 얼마든지 운동력으로 변할 수 있는 가능성을 지닌 존재들입니다. 이 때문에 당시에는 더 이상 '칼로릭'을 원소라고 생각하지 않았습니다. 더군다나 카르노가 주장한 칼로릭 이론에 따르면, 칼로릭은 항상 그 양이 보존되며 오직 뜨거운 열을 차가운 곳으로 전달만 해준다고 했는데, 이 설명 체계는 열의 흐름은 잘 설명할 수 있었지만 운동력으로 나타나는 힘의 전환에 관한 내용은 충실하게 설명하지 못했기 때문입니다.

이러한 배경을 바탕으로 과학계는 '칼로릭'이라는 매개 없이, 이상적 기관인 '카르노 기관'을 설명할 수 있을까에 관한 관심을 가지게 됩니다. 어렸을 적에 원자론을 탄생시킨 과학자 '존 돌턴'에게 개인 교습을 받았으나, 대부분의 학문을 독학으로 깨우친 것으로 유명한 영국의 물리학자 제임스 프레스콧 줄(James Prescott Joule)은 이러한 의문에 뛰어든 세 명의 과학자 중 한 사람이었습니다.

패러데이의 전자기 연구에 특별한 열정을 가지고 있었던 줄은, 그의 발명품인 전기 모터의 효율에 대해 연구하던 중에 자연스레 의문들이 떠오르게 되었습니다.

'왜 전기 모터는 작동시키면 작동시킬수록 뜨거워지게 될까?'

'혹시 이 열을 이용해 다시 운동력을 만들 수는 없을까?'

'전기모터에 의해 만들어진 동력과 열의 양은, 사실 공급된 전기와 같은 양이 아닐까?'

이러한 생각들을 검증하기 위해 줄은 어떤 하나의 시스템, 즉 '계'

에 투입한 힘과 그 시스템으로부터 방출되는 힘의 양을 아주 정밀하게 측정할 수 있는 방법에 대해 고민하게 됩니다. 마침내 1845년, 줄은 '물갈퀴 달린 바퀴 실험'으로 알려진 실험장치를 고안해내게 됩니다. 장치의 구조는 너무나 간단해서, 마음만 먹으면 이 책을 읽고 있는 여러분들도 만들 수 있습니다.

물을 채워 넣은 수조를 배치해두고, 수조 속에서 자유롭게 회전할 수 있는 프로펠러를 넣어둔 뒤, 외부의 움직임에 의해 프로펠러가 돌아갈 수 있도록 만든 장치입니다. 여기에 도르래와 추를 연결해 중력에 의해 추가 아래로 떨어지게 되면, 자연스레 프로펠러가 돌아가면서 물을 휘저을 수 있도록 만들었습니다. 추가 더 높은 곳에서 내려갈수록, 더 오랫동안 내려갈수록, 프로펠러는 더 많이 회전하며 물을 휘저어놓게 되고, 이는 자연스럽게 마찰열을 발생시켜 물을 데우는, 즉 물의 온도를 증가시키는 실험장치가 되는 것입니다. 이 실험에서 물의 온도 변화만 확인할 수 있다면, 당시의 과학으로 충분히 계산할 수 있었던 물이 얻은 열량과 추의 운동력 사이의 관계를 알아낼 수 있습니다. 바로 이 아이디어를 통해 줄은 외부의 일과 열량과의 관계를 측정을 통해 정확하게 얻어낼 수 있었던 것입니다!

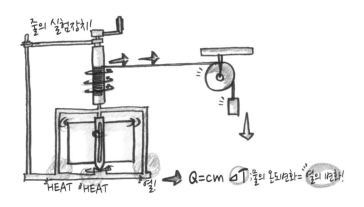

✚ 물갈퀴 달린 바퀴를 통해 열의 이동을 설명해내다

이 실험의 결과를 통해 줄은 놀라운 가설을 발견하게 됩니다.

'**물체의 마찰로 발생한 열량은 추가 낙하하면서 한 일의 양에 비례한다.**'

이것은 결국 외부의 운동력이 회전하는 프로펠러의 운동력으로 변하고, 또다시 그 회전 운동력이 마찰력이 되어 열로 나타났다는 것을 의미합니다. 그리고 이 모든 운동의 전환은 처음 운동이 얼마만큼 일어났는지에 비례합니다. 이 두 가지 사실을 통해 줄은 '힘은 전환될 때 사라지거나 생기는 것이 아니라, 순수하게 전환만 이루어지게 되는 것이 아닐까?'라는 가설을 제안하게 됩니다. 바로 이 제안이 오늘날의 '**에너지 보존 법칙**'으로 알려진, 에너지의 흐름을 설명한 최초의 가설인 것입니다!

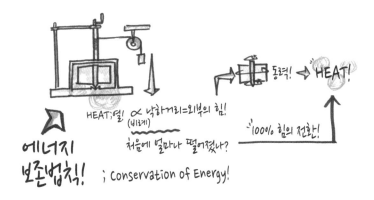

여기에서 그치지 않고 줄은 자신의 이론을 이용해 '일과 열이 서로 끊임없이 바뀌기 때문에 수많은 자연 현상들이 발생한다'고 강하게 주장했습니다. 그런데 이 주장을 제기하게 된 데에는 한 가지 재미있는 비밀이 숨겨져 있습니다. 사실 줄은 독실한 기독교인이었는데, 이러한 신앙적 배경이 녹아들어서인지 '신이 힘과 물질을 창조한 이래 어느 하나 재창조되거나 파괴될 수 없다'라는, 누가 봐도 종교적인 색깔이 다분히 묻어났던 신념을 굽히지 않았다고 합니다. 그리고 이 신념이 '에너지 보존 법칙'이라는 물리적 아이디어를 떠올리는 데 커다란 계기를 제공했다는 사실이 자못 흥미롭습니다.

최초로 일과 열의 관계에 대한 연구와, 에너지 보존 법칙을 제안한 줄의 업적을 기리는 의미에서, 우리는 현재 **질량×가속도×변위**로 나타나는, 과거에 [kgm²/s²]로 표기했던 일의 단위를, 줄[J]이라는 단위로 간단하게 활용하고 있습니다. '수레에 10J만큼의 일을 가했다', '태양으로부터 1.55 곱하기 1,022J만큼 에너지가 방출된다'에서 쓰인 줄[J]은 물리를 조금이라도 공부해봤다면 상당히 익숙한 단위일 것입니다.

✛ '줄'만 에너지 보존 법칙을 발견했는'줄' 알아? 우리도 있다!

제임스 프레스콧 줄이 에너지 보존 법칙을 최초로 발견했다고 이야기하면 당장이라도 무덤 속에서 뛰쳐나와 여러분을 괴롭힐 두 명의 자연철학자가 더 있습니다. 독일의 의사 출신 물리학자 율리우스 폰 마이어(Julius von Mayer)와 역시 독일의 철학자이자 과학자인 헤르만 폰 헬름홀츠(Hermann von Helmholtz)가 바로 그들이죠.

율리우스 폰 마이어는 원래 생리학을 전공했는데, 열대 지방을 탐험하면서 겪은 여러 경험으로부터 열에 대한 매력을 느끼고 이 분야를 연구하기 시작했습니다. 1840년, 마이어는 '자바호'라는 배의 전속 의료원으로서 네덜란드의 동인도 회사로 가고 있었습니다. 그러던 중 폐병에 걸린 선원을 치료할 일이 생겼는데, 혈액 검사를 하던 도중 아주 기묘한 현상을 만나게 됩니다. 일반적으로 우리 몸의 구석구석을 돌며 산소를 순환시키는 역할을 담당하는 동맥혈은 상대적으로 밝은 선홍색을 띠고 있습니다. 이에 반해 정맥혈은 산소가 많이 빠져나가면서 짙은 적갈색을 띠게 됩니다. 그런데 폐병을 앓고 있는 선원의 정맥혈을 채취해보니 마치 동맥혈과 같은 선홍색을 띠고 있었던 것입니다.

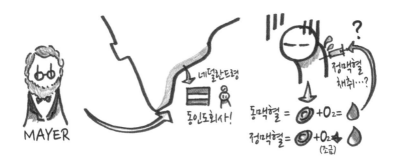

　마이어는 이 현상의 원인을 찾기 위해 노력했습니다. 우선 열대 지방의 뜨거운 날씨에서 이유를 찾아보려 했습니다. 우리 몸은 주변 온도가 뜨거운 열대 지방에서는 체온을 조절하는 일에 영양소를 많이 사용하지 않습니다. 그러나 일교차가 심해서 체온을 쉽게 뺏기는 추운 환경에서는 체온을 올리는 데 상대적으로 더 많은 일을 해야 합니다. 이러한 이유에서 따뜻한 환경에서는 추운 환경보다 몸속에서 필요한 산소의 양이 더 적을 것이고, 그 때문에 따뜻한 환경에서의 정맥혈은 추운 환경보다 더 많은 산소가 포함되어 있을 것이라고 마이어는 생각했습니다. 이러한 가정을 통해, 따뜻한 환경에서의 정맥혈이 선홍색에 가까운 색을 띠게 된 것이라는 결론에 도달할 수 있었던 것입니다!

　✚ 선홍색의 피, 그를 '열'에 관한 연구로 뛰어들게 만들다
　이 같은 사건이 마이어를 '열과 일의 관계'에 관한 연구에 흠뻑 빠질 수 있도록 이끌었습니다. 마이어는 사람을 움직이는 힘은 결국 음식물로부터 공급된 영양소로부터 발생한다는 경험적 사실을 바탕으

로, 모든 종류의 힘은 서로 변화만 가능하며 전체 힘, 지금의 개념으로 말하자면 전체 에너지는 보존된다는 줄의 주장과 동일한 주장을 펼쳤습니다. 줄과는 다른 방향으로 출발했음은 명백했지만, 분명 결론은 같습니다. 바로, 에너지 보존 법칙인 것입니다!

✚ 우리 몸의 운동력은 섭취한 음식으로부터 발생한다

한편, 헬름홀츠의 주장도 이와 크게 다르지 않았습니다. 군에서 수년간 외과의로 복역했던 헬름홀츠는 그 기간 동안 근육이 움직이는 힘의 근원에 관한 연구를 진행했습니다. 1847년에 발표한 그의 논문에 따르면, 생명체가 열을 만들어내는 이유는 음식물 속에 들어 있던 화학적 힘이 근육을 움직이는 동력으로 작용해, 근육이 상하좌우로 수축과 이완을 반복하면서 만들어지는 마찰에 의한 것이라고 주장했습니다. 그리고 이러한 힘의 전환은 섭취한 음식물이 담고 있는 영양분보다 더 만들어지거나 덜 만들어지는 것이 아니라, 딱 섭취한 만큼 전환된다고 생각했죠. 헬름홀츠 또한 마이어와 비슷한 맥락에서 에너지의 보존 법칙을 이야기했던 것이었습니다.

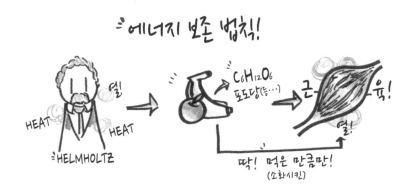

✚ 결국 '에너지'는 보존된다

앞선 이야기들을 통해 알 수 있듯이 당시의 '힘', 현대 용어로 일컫는 '에너지'란, 결국 '운동력'인 '일'을 만들어주는 근원이라는 사실입니다. 그리고 그러한 에너지는 다른 형태로 전환만 이루어질 뿐, 절대 생성되거나 소멸되지 않는다는 사실을 세 명의 과학자가 동일하게 입증했습니다. 오늘날 우리는 잘 알고 있습니다. 이 세 과학자가 일궈낸 업적이 전 우주의 흐름을 설명하는 가장 커다란 법칙 중 하나라는 사실을 말입니다.

'에너지는 보존되며, 절대로 소멸되거나 생성되지 않는다'는 이 법칙을 현재 우리는 에너지 보존 법칙, 또는 열역학 제1법칙이라고 부르고 있습니다. 이 법칙은 당시에는 전혀 다른 분야로 여겼던 전기학, 자기학, 동력학, 열역학 등의 수많은 학문들을 단 하나의 범주, '물리학'이라는 이름의 하나의 학문으로 묶어주는 결정적인 계기를 제공하게 됩니다. 바야흐로 물리학이라는 학문이 탄생하게 된 결정적인 계기를 제공하게 된 것이지요!

흔히 물리학은 '역학'으로 시작하여 '역학'으로 끝난다고 이야기할 만큼 물체의 운동에 관한 관심으로부터 출발한다고 해도 과언이 아닐 것입니다. 그러나 오늘날의 '물리학'이라고 불리는 이 학문의 탄생은 '운동'을 만들어주는 근원적 존재, 즉 '에너지'가 무엇인지를 쫓아가는 학문으로서 그 토대가 완성됩니다.

감히 이렇게 이야기해볼 수도 있겠네요. '물리학'은 전 우주의 작동 원리를 흠씬 껴안고 있는 '에너지'를 쫓아가는 학문이라고 말이에요.

▶ ━━━━━━━━━━━━━━━━━━━━━━━━━━

주변에 이런 친구들 꼭 있죠? 공들여 쌓아놓은 젠가 탑이나 누군가 열심히 만들어놓은 무언가를 때려 부수거나 망가뜨리는, 일명 파괴본능을 가진 친구들 말이에요. 제 주변에도 있습니다. 아마 여러분들께서도 지금 머릿속에 떠오르는 사람이 있을지 모르겠네요. 그런데 사실, 인간이라면 누구나 이런 소소한 파괴본능을 가지고 있답니다. 극도의 스트레스를 받았을 때 접시나 컵 같은 것을 던져 깨뜨리면 갑자기 후련해짐을 느끼곤 합니다. 그런데 우리는 왜 이렇게 '망가뜨리고자 하는 본능'을 가지고 있는 걸까요?

✛ 왜 헝클어놓는 걸 좋아하는 걸까?

도미노나 레고처럼 크고 작은 블록들을 이용해 무언가를 만들어내려면 뒤죽박죽 섞인 이 블록들을 특정한 패턴에 맞게 정렬해야 합니다. 헝클어져 있던 상태, 즉 마구잡이로 섞여 있던 블록들이 질서 정연하게 잘 정돈된 상태로 바뀌게 되면 이를 과학 용어로 '무질서도가 감소했다'고 표현합니다.

'무질서도'란, 단어 그대로 얼마만큼 물체가 무질서한지를 뜻하는 용어로, 다른 말로 '엔트로피(Entropy)'라고 합니다. 무질서한 정도? 엔트로피? 이렇게만 이야기하면 너무 추상적이고 어려운 것 같습니다. 그렇다면 대체 '엔트로피'란 무엇일까요?

✚ 엔트로피가 도대체 뭔데?

이 '엔트로피'라는 개념은 자연에서 일어나는 크고 작은 모든 일, 예컨대 우주처럼 큰 규모에서 일어나는 일은 물론이거니와 양자역학의 작은 세계에서 일어나고 있는 일까지, 이런 일들이 **앞으로 어떻게 일어날지에 관한 방향성**을 제시해주는 개념입니다. 만약 이 엔트로피를 분석할 수 있다면, 앞으로 일어날 일이 어떤 방향으로 진행될 예정인지를 알 수 있게 됩니다. 왜 우리가 무언가를 '망가뜨리고자' 하는 본능을 가지고 있는지, 왜 뜨거운 물이 점점 식어가는지 등을 엔트로피를 이용해 설명할 수 있습니다. 정말 재미있는 것은, 이 엔트로피를 이용하면 무언가를 학습하고 배운다는 것이 대체 왜 노력을 필요로 하는지도 설명할 수 있답니다!

이번 장에서는 우리 주변 일들이 어떤 방향으로 진행되는지에 관한 정보를 담고 있는 법칙임과 동시에, 전 우주를 설명하는 놀랍고도 위대한 법칙인 **'열역학 제2법칙'**에 관한 이야기를 들여다보겠습니다.

✚ 열역학 제2법칙은 어떻게 탄생하게 되었을까?

엔트로피가 무엇인지 천천히 알아보기 위해서는 이 개념이 어떠한 배경으로 탄생하게 되었는지, 그리고 어떤 방식으로 정리되었는지에 관해 먼저 들여다보아야 합니다.

앞서 우리는 18세기 산업 혁명을 맞이한 이후의 유럽 사회의 변화에 대해 알아보았습니다. 사람이 행하던 일을 공장 기계가 대신하게 되었고, 수많은 물자들이 증기기관차를 통해 운송 및 유통되었습니다.

이에 덩달아 많은 기술자와 자연철학자 들은 어떻게 하면 열기관의 효율을 증가시킬 수 있을까를 자연스레 고민하게 되었습니다. 이러한 가운데 사디 카르노는 칼로릭의 이동을 분석해 이론적으로 만들어낸 최대 효율 기관인 '카르노 기관'을 고안해냅니다. 그리고 카르노에 이어 등장한 자연철학자 줄은 카르노와 마찬가지로 열로 얻어낼 수 있는 최대 동력에 관한 지식을 들여다보았고, 뜻밖에도 이것이 줄의 실험장치로 이어지게 되면서 열역학 제1법칙, 즉 에너지 보존 법칙을 탄생시키게 됩니다.

그러나 열기관의 효율 연구는 여기서 멈추지 않았습니다. 앞선 카르노와 줄이 그랬던 것처럼, 대체 어떻게 하면 **열기관의 효율을 극대화할 수 있을까**에 관한 고민은 여전히 당대 기술자들에게 커다란 숙제였습니다. 그러던 와중에 간과하고 있던 무언가 놀라운 발견이 일어나게 됩니다. 카르노와 줄의 연구가 서로 동일한 목적으로 시작했음에도 불구하고, 결정적으로 서로의 이론에 모순점을 만든다는 사실을 발견하게 된 것입니다. 이러한 모순점을 해결하고자 애썼던 이가 바로 독일 출신의 물리학자 **루돌프 클라우지우스**(Rudolf Clausius)입니다!

✚ 클라우지우스, 카르노와 줄의 모순점을 해결하고자 하다!

클라우지우스는 카르노가 주장한 칼로릭 이론에서의 칼로릭의 움직임과, 줄이 주장한 에너지 보존 법칙 사이에서 결정적인 모순이 발생한다는 사실을 알아차렸습니다. 카르노는 높은 온도에서 낮은 온도로 이동해가면서 일을 만들어내는 칼로릭은 일을 만들어주고 난 후에도 소모되지 않고 그대로 낮은 온도로 방출된다고 주장했습니다. 즉, 칼로릭은 보존된다고 이야기한 것이죠. 반면 줄은 일을 만들어내는 그 본질 자체가 '열'이라고 여겼으며, 그렇기에 **열과 일의 총량은 언제나 보존**된다고 주장했습니다. 하지만 여기에서 커다란 문제가 발생하게 됩니다.

먼저 카르노의 생각을 들여다보겠습니다. 높은 온도에서 만들어진 따뜻한 칼로릭, 즉 열이 기관 안으로 들어간다고 생각해봅시다. 기관은 칼로릭을 받아들여 일을 만들어냅니다. 칼로릭은 기관이 일을 할 수 있도록 임무를 완료한 뒤 기관 바깥으로 방출되게 됩니다. 바로 이 시점에서 카르노는 칼로릭의 양이 처음과 같다고 이야기합니다. 그러나 줄의 이론에 따르면 이러한 일은 일어날 수 없습니다.

왜일까요? 그렇습니다. 에너지 보존 법칙에 의해 기관에서 일로 전환된 열만큼 방출되는 열의 양은 줄어들어야 되기 때문이죠. 이러한 문제를 해결하기 위해 클라우지우스는 '열은 높은 곳에서 낮은 곳으로 흘러간다'는 카르노의 아이디어는 유지하면서, '칼로릭이 보존된다'는 생각은 과감하게 버립니다. 이 생각을 버리면, 칼로릭으로 기관을 설명했던 카르노의 설명 방식과 줄의 에너지 보존 법칙을 모순 없이 통합시킬 수 있었던 것입니다.

이러한 생각을 담아 클라우지우스는 1850년에 자신의 이론을 담은 논문을 발표하게 됩니다. '열은 높은 온도에서 낮은 온도로 이동하며, 그러한 과정에서 발생하는 일은 모두 열로부터 바뀐 것이다. 낮은 곳에서 방출되는 열은 처음의 열에서 일로 변환된 만큼을 뺀 나머지들이다'는 주장이 논문의 핵심입니다.

외부로부터 아무런 영향을 받지 않는 물체는 자연스럽게 높은 온도에서 낮은 온도로 내려가게 된다! 여기서 말하는 '자연스럽지 않은 상황'이란 무엇일까요? 차가워진 손을 비비거나, 체온을 올리기 위해 불을 쬐거나, 음식을 익히려고 불을 이용하거나 하는 행위들입니다. 차가운 상태에서 따뜻한 상태로 변하는 모든 행위, 그러한 변화가 일어나기 위해서는 반드시 일을 해주거나 열을 가해주어야 한다는 사실을 주장했던 것입니다.

✚ 왜 열은 뜨거운 곳에서 차가운 곳으로만 움직이는 걸까?

그럼에도 불구하고 클라우지우스는 여전히 알 수 없었습니다. 왜 열은 뜨거운 곳에서 차가운 곳으로 이동하는가에 대해서 명확하게 설명할 수 없었던 것이죠. 그러던 와중에 그와 동일한 문제를 궁금하게 여겼던 한 과학자에 의해 자연에서 일어나는 열의 움직임을 합리적으로 설명할 수 있을 만한 실마리가 제공됩니다. 이 과학자가 바로, 우리가 알게 모르게 정말 많은 업적을 남긴, 켈빈 경이라는 명칭으로 더 잘 알려진 과학자 **윌리엄 톰슨**(William Thomson)입니다!

✚ 윌리엄 톰슨, 클라우지우스의 논리를 더욱 확장하다

윌리엄 톰슨 또한 클라우지우스와 동일한 고민을 했던 과학자였습니다. 그 역시 카르노와 줄의 업적 사이에 모순점이 있다는 사실에 고민하던 가운데 마침내 클라우지우스가 논문을 발표했다는 소식을 듣게 됩니다. 이 논문을 면밀하게 들여다본 톰슨은 클라우지우스가 설명하지 못한 부분에 대해 해결점을 찾게 됩니다. 바로, **왜 열이 '뜨거운 곳'에서 '차가운 곳'으로 이동하는지**에 관한 그 본질! 그 현상이 왜 일어나는가를 규명하기로 마음먹은 것입니다.

톰슨이 설명하고자 했던 열의 이동이 왜 한쪽 방향으로만 진행되는지에 관한 문제 해결 방식은 이렇습니다. 톰슨은 먼저 열기관에서의 열의 이동을 생각했습니다. 이해를 돕기 위해, 높은 곳에서 100만큼의 열이 투입되었을 때 40만큼이 일로 변환되는 기관을 상상해봅시다. 이 기관이 이상적으로 동작해 높은 곳의 열이 정확하게 40만큼 일로 변환되었다고 했을 때, 남은 60만큼은 낮은 곳으로 이동하는 모습을 떠올릴 수 있습니다.

여기에서 톰슨은 기막힌 역발상을 통해 극단적인 수를 둡니다. 과연 100이라는 열이 전부 100이라는 일로 바뀔 수 있는 기관이 존재할까? 톰슨은 이러한 가정이 일어날 수 없다는 사실을 금세 알아차렸습니다. 이러한 일이 일어난다는 것은, 아무런 외부 간섭이 없는 공간 속에 채워 넣은 공기가 갑자기 아무 이유 없이 한쪽 방향으로 이동해서 방 안의 물건을 밀어낼 수 있다는 것을 뜻합니다. 또는 아무런 진동도 없는 수면이 갑자기 특정한 부위만 솟아오르는 일이 일어날 수 있다는 것입니다.

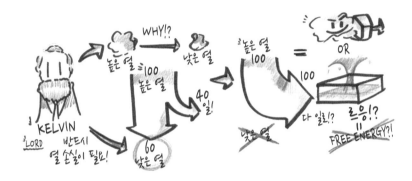

이는 곧, 같은 온도를 유지하고 있는 어떤 시스템 속에서 갑자기 아무 이유 없이 일을 만들어내는 상황이 생겨날 수도 있다는 의미입니다. 다시 말해, 열의 이동을 만들어주는 본질적인 요소가 없다면, 열을 일로 전환시키는 것은 불가능하다는 사실을 깨닫게 된 것이죠. 이러한 추론을 통해 열을 일로 전환하기 위해서는 반드시 열 '손실'이 필요하다는 것을 톰슨이 깨닫게 된 것입니다!

"열의 이동은 일을 만들어낸다. 그리고 열로 일을 만들기 위해서는 반드시 '손실'이 일어나야 한다."

톰슨은 이러한 사고를 토대로 자연에서는 스스로 '차가운 곳'에서 '따뜻한 곳'으로의 이동이 절대 불가능하다는 것을 추론하게 되었습니다. 이를 통해 **열은 자연적으로 '손실'되는 방향으로 이동**하게 된다는 사실 또한 발견하게 됩니다. 동시에 그 손실된 양은 '일'로 나타나면서 물체를 밀어내 바람을 만들고, 또는 엔진을 가동하기도 합니다. 이것이 바로 **열역학 제2법칙, 열의 이동을 나타내는 법칙인 것입니다.**

이때 톰슨이 열의 이동과 일, 그리고 손실을 설명하기 위해 도입한 것이 바로 '에너지'라는 개념입니다. 이 시점부터 드디어 '힘'과 '에너지'는 정확하게 개념적으로 분리되면서, 좀 더 수학적으로 깔끔하게 정리되기 시작합니다. 힘은 물체의 운동 상태를 변화시키는 요인으로서, 그리고 에너지는 물체가 일을 할 수 있도록 만들거나 일을 받을 수 있도록 만드는 대상으로 정해지게 된 것입니다!

✚ 클라우지우스, 엔트로피라는 개념을 수학적으로 만들어내다

이러한 톰슨의 주장을 놓칠세라 클라우지우스는 톰슨의 아이디어를 수학적으로 정리해내는 데 성공합니다. 1865년, 그는 열이 할 수 있는 무언가를 온도로 나눈 수학적인 값을 통해 자연에서 일어나는 변화를 설명할 수 있는 아이디어를 고안해내게 됩니다. **Q/T로 정의되**는 이 값의 등장은, 우주가 어떻게 움직이는지를 설명해주는 아주 놀라운 개념으로 거듭나게 됩니다. 뉴턴이 질량을 정의했던 것과 마찬가지로, 클라우지우스는 **이 새로운 개념을 '엔트로피'라고 이름 짓게 됩니다.** 그리고는 이 개념을 이용해 자연에서 이루어지고 있는 변화들에 대해 과연 엔트로피의 값이 어떻게 변하는지를 면밀하게 들여다보기 시작합니다. 그리고는 자연스럽게 깨닫게 됩니다. 모든 물질이 서서히 자신의 열을 잃게 됨과 동시에 온도가 감소하게 되고, 온도의 감소는 곧 엔트로피의 증가로 이어지게 된다는 사실을 말입니다.

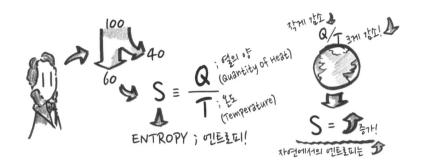

✚ 열역학 제2법칙의 별명, 엔트로피 증가의 법칙!

톰슨과 클라우지우스에 의해 탄생하게 된 열역학 제2법칙은 '엔트로피'가 어떻게 변화하는지를 설명하는 법칙입니다. 우리의 자연은 외부에서의 열과 일, 즉 에너지가 유입되지 않는 이상 반드시 '엔트로피가 증가하는 방향'으로 진행된다는 사실을 이 두 과학자에 의해 알아낼 수 있었습니다.

그런데 여기서 끝이 아닙니다! 당시 물질의 근원에 대해 궁금해한 여러 자연철학자들에 의해 수면 위로 떠오른 돌턴의 '원자설'과, 열을 연구하고자 했던 '열역학'이라는 학문이 화려하게 만나게 되면서, 드디어 '온도'란 무엇인가에 대한 궁금증을 해결해줄 과학자가 19세기 중반에 등장하게 됩니다. '온도의 본질, 즉 열의 본질은 아주 작은 존재들의 진동과 운동에 의해서 만들어지는 것이다. 그리고 그 진동과 운동의 에너지들이 전달되는 것이 바로 열이 전달되는 것이다'라는 사실을, 아주 작은 세계의 관점에서 새로운 시각으로 접근한 과학자가 있었습니다. 그가 바로, 통계역학을 정립한 과학자 '루드비히 볼츠만 (Ludwig Boltzmann)'인데, 그를 통해 드디어 과학계는 '엔트로피'의 본질이 무엇인지에 대해 깨닫게 됩니다.

✛ 사실 열역학 제2법칙은 자연스러운 현상이었다?

루드비히 볼츠만은 우리가 실제로 느끼는 온도, 압력, 부피 등과 같은 현상들은 아주 작은 세계에 존재하고 있는 원자나 분자들이 가지는 에너지로 해석할 수 있다는 사실을 간단한 수식과 추론을 통해 드러냈습니다. 이를 통해 온도라는 현상이 물질을 구성하는 원자나 분자가 지닌 진동과 운동 에너지 그 자체임을 알 수 있게 되었습니다. 이를 통해 **엔트로피의 본질은 '보이지 않는 작은 분자들이 자연스럽게 자신의 에너지를 골고루 공유하는 상태로 나아가고자 하는 경향'**이라고 생각할 수 있게 된 것입니다.

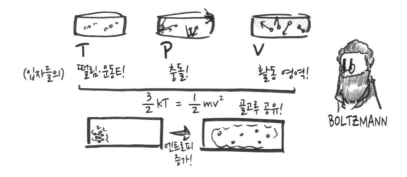

디퓨저 향수를 예로 들어서 이 현상을 설명해볼까요? 엔트로피를 확인하기 위해서는 항상 테두리를 만드는 것이 선행되어야 합니다. 이 예시에서는 방 안이 테두리입니다. 병 속에 들어 있는 향수는 막대를 따라 위로 조금씩 올라오게 됩니다. 표면으로부터 천천히 증발하는 향수를 슬며시 확대해볼까요? 이를 살펴보면 향수 분자들이 매우 빠른 속도로 진동하면서 이동한다는 걸 알 수 있습니다. 이를 억지로 붙잡아두지 않는다면 어떻게 될까요? 아주 자연스럽게 공기 중의 분자들과 계속 충돌하면서 사방으로 퍼져나가게 됩니다. 오랜 시간 향수를 놓아두게 되면 결국 방 안 어느 공간에서도 향수 분자들을 발견할 수 있게 될 테고, 그 양도 비교적 일정하게 퍼지게 될 것입니다.

이제 처음 상태와 나중 상태를 비교해보도록 합시다. 처음에는 병 근처에만 일제히 질서 정연하게 모여 있던 향수 분자들이, 시간이 지남에 따라 방 안 전체로 퍼져나가면서 공기 분자들과 뒤죽박죽 섞여 상당히 무질서한 상태가 됩니다. **질서에서 무질서로 나아간다!** 이것이 바로 엔트로피 현상의 본질인 것입니다.

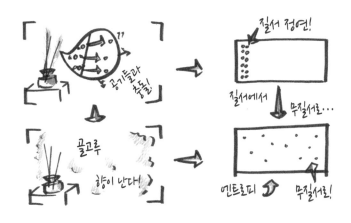

그렇다면 얼음과 따뜻한 물을 섞은 상황은 어떨까요? 여기에서는 이 컵 속이 테두리입니다. 얼음을 구성하고 있는 분자들은 전자기학적 인력에 의해 매우 질서정연한 결합을 띠고 있습니다. 그러나 여기에 매우 빠르고 자유로운 물 분자들이 갑자기 난입해 들어옵니다. 자연스럽게 빠른 물 분자들은 느리고 질서정연한 물 분자들을 때리면서 자신의 운동 에너지와 진동을 전달하게 됩니다. 이를 통해 얼음을 이루고 있던 물 분자들은 자연스레 열을 얻게 되고, 동시에 따뜻한 물을 이루는 물 분자들은 자연스레 열을 잃게 됩니다. 결국, 컵이라는 테두리 속에 존재하고 있는 양극단, 즉 따뜻한 물과 얼음은 동일한 온도의 존재가 되어 동일한 상태가 될 때까지 서로 에너지를 계속 교환하게 될 것입니다. 이것이 바로 분자들이 에너지를 골고루 공유하게 되어 가장 존재할 가능성이 높은 상태로 나아가려는 경향, 열역학 제2법칙의 본질인 것입니다!

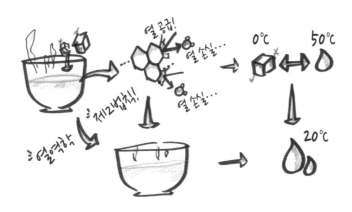

✛ 엔트로피, 우주가 나아가는 방향을 이끌다

톰슨과 클라우지우스로부터 출발해, 루드비히 볼츠만을 통해 정립된 학문으로 정의된 개념인 '엔트로피'. 열 통계역학 이후에 엔트로피는 아주 작은 세계를 이루고 있는 원자들이 얼마만큼 정렬해 있는지, 무질서한지를 들여다보며 자연에서 일어나는 흐름을 읽어낼 수 있는 하나의 놀라운 섭리로 탄생하게 됩니다. 이 개념의 탄생은 훗날 연구될 다양한 물리학, 천문학, 기상학, 화학, 생물학적 연구에 커다란 영감을 불어넣었을 뿐만 아니라, 전 우주의 에너지 흐름을 설명할 수 있는 근거가 되어 현대 물리학을 지탱해주는 하나의 공리 같은 존재로 거듭나게 됩니다.

자! 지금까지 '물리학'이라는 학문을 본질적으로 탄생시킨 역사에 관해 알아보았습니다. 18세기 산업 혁명으로부터 탄력을 받아 결국 엔트로피라는 개념에까지 도착하게 되면서, 에너지는 전환만 될 뿐 절대로 사라지거나 생성되지 않는다는 열역학 제1법칙과, '분자들의 질서'는 항상 확률적으로 높은 상태로 이동하려 한다는, 즉 무질서한 방향으로 이동하려 한다는 열역학 제2법칙에 대해 하나씩 살펴보았습니다.

이제부터는 두 가지 법칙에 대해 좀 더 구체적으로 들여다보려고 합니다. 이 법칙들로 설명할 수 있는 기체 분자들의 열역학 현상들에 대해서 말입니다. 예를 들어, **뜨거운 증기가 차가운 곳으로 이동하면서 대체 어떻게 '동력'으로 바뀔 수 있는지를**, 도대체 무슨 일이 어떤 원리로 일어나는지 등을 알아보겠습니다. 이어지는 부록에서는 기체 분자들의 여러 과정을 들여다보면서, 실제로 기체 분자들이 어떻게 움직이는지, 그리고 이 움직임을 통해 앞서 설명한 기관들이 어떻게 작동할 수 있는가에 관해 하나씩 살펴보고자 합니다.

그래서 증기기관은 어떻게 움직이는 건데?

　지금까지 열역학 제1법칙인 에너지 보존 법칙과 열역학 제2법칙인 엔트로피 증가의 법칙을 과학사의 흐름과 함께 들여다보았습니다. 이 두 가지 법칙은 우주에 존재하는 에너지의 흐름이 어떠한 방향으로 진행되는지, 그 흐름이 진행되는 과정에서 에너지가 여러 형태로 전환될 수 있음을 보여주는 자연의 법칙으로 알려져 있습니다. 아직은 이렇다 할 예외 없이 잘 작동하고 있는 현대 과학의 커다란 패러다임들 가운데 하나입니다.

　그런데 여기서 궁금한 점이 있지 않나요? 지금까지 우리는 열기관을 통해 이 두 가지 법칙들이 연구되어 오고 탄생되는 과정을 목격하긴 했는데, 실제로 어떻게 이 법칙들이 열기관, 즉 증기를 이용해 기관을 작동시키는 걸까요? 증기가 기관 속에서 어떻게 일로 변환될 수 있으며, 왜 에너지가 전환되는 기관들은 '효율'이라는 개념을 항상 필요로 하는 걸까요?

　그래서 이번에는 실제로 열기관을 작동시키는 주요 작동 원리들의 기본인 기체 분자 운동의 과정과 네 가지 기본 열역학적 과정에 관한 이야기, 그에 따른 카르노 기관의 작동 원리에 관해 알아보겠습니다.

✚ 증기기관을 움직이는 힘의 근원, 열역학 과정

　증기기관을 움직이는 힘의 근원에 대해 알아보려면 우선 네 가지 기본 열역학 과정에 대해 살펴보아야 합니다. 줄이 발견한 열역학 제1법칙, 즉 에너지 보존 법칙을 식으로 표현해서 각각의 항들이 어떤 의미를 지니고 있는지를 먼저 들여다보아야 합니다. 열역학 제1법칙을 자세하게 설명하려면 맥스웰 방정식처럼 약간의 기술적인 수학 공식이 필요하지만, 그러한 지식을 싹 걷어내고 이론적으로 가장 단순하게 표현하자면 다음과 같이 표현할 수 있습니다.

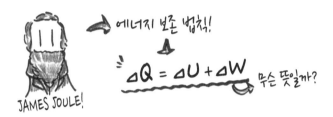

　열역학 현상을 이야기할 때는 항상 테두리를 정하는 것이 중요합니다. 지금은 상자를 테두리로 삼는다고 가정해봅시다. 이 상자 속에 열량(Quantity of Heat), 즉 ΔQ만큼의 열에너지를 집어넣습니다. 참고로 여기서 Δ는 처음 상자 속에 있던 Q와 대비해서 얼마만큼 Q가 변화했는가, 즉 얼마만큼 에너지를 넣었는가를 나타내는 기호랍니다.

　상자 안에서는 크게 두 가지의 변화가 일어나게 됩니다. 하나는 상자 안을 메우고 있는 기체들의 떨림 에너지, 그리고 운동 에너지를 증가시키게 됩니다. 이러한 에너지를 우리는 기체를 이루고 있는 분자들의 에너지라는 의미에서 '내부 에너지'라고 부릅니다. 하지만 우리가 볼 때는 뭐가 크게 달라진 것으로 보이지 않기 때문에 내부 에너지 또한 잠재된 에너지, 즉 퍼텐셜 에너지로 취급합니다. 이 때문에 퍼텐셜 에너지와 같은 기호인 'U'라는 물리량으로 나타내고 있습니다. 외부의 열에 의해 변화한 양만큼을 들여다보아야 하기 때문에 이 친구 또한 Δ를 붙여 ΔU라고 씁니다.

둘 중 다른 하나의 변화는 이 상자 속 기체가 열을 받아 부피가 증가하게 되면서 만들어지는 상자 크기의 변화입니다. 상자의 크기가 변했다는 것은 이 기체들이 상자에 힘을 가해 밀어냈다는 의미이며, 이는 자세히 보면 결국 물체에 힘을 가해 이동시킨 것과 같은, 즉 기체가 상자에 일을 한 것임을 알 수 있습니다. 일을 표현하는 물리량은 W인데, 이는 일을 나타내는 뜻의 워크(Work)에서 비롯된 것입니다.

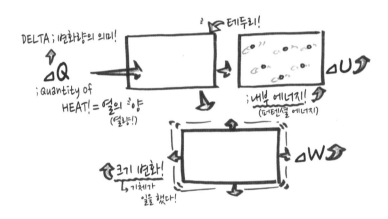

이렇게 두 가지의 변화를 알아보았습니다. 열을 받은 테두리, 즉 계는 내부 에너지가 변할 수도 있고, 일을 할 수도 있습니다. 또는 두 가지의 변화가 동시에 다 일어날 수도 있습니다. 이를 식으로 표현하면 'ΔQ=ΔU+ΔW'라고 표현할 수 있으며, 이것이 바로 열역학 제1법칙을 나타내는 식인 것입니다! 식으로서 해석한 열역학 제1법칙은 이렇게 표현할 수 있습니다.

'어느 특정한 계에 투입된 열량(ΔQ)은 그 계를 구성하는 기체의 내부 에너지(ΔU)를 변화시키거나 일(ΔW)을 하도록 만들어준다.'

즉, 열에너지는 일로 전환되거나 다른 형태의 에너지로 전환된다는 것을 뜻합니다. 참고로, 원래 일은 물체에 가해진 힘이 얼마만큼 그 물체를 이동시켰는가로 정의되는 물리량이기 때문에 W=Fs로 표현하는 것이 일반적입니다. 그런데 특별하게 기체가 일을 하는 경우에는 그 일의 양(W)을 기체의 압력(P)에 변화한 부피(V)를 곱한 값으로 나타낼 수 있습니다. 왜 그럴까요? 압력은 단위 면적당 받는 힘을 나타내고, 부피는 면적에 높이를 곱한 양이기 때문이죠. 두 물리량을 곱해 보면 왜 그렇게 되는지 금방 알 수 있겠죠?

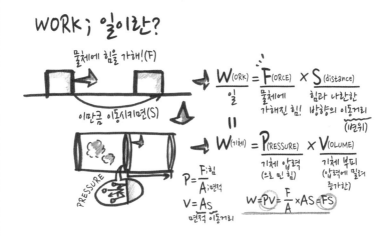

자, 이제 이 식을 통해 여러 상황을 가정해볼 수 있습니다. 우리는 이 가운데 아주 특별한 네 개의 상황을 통해 열역학 제1법칙이 어떻게 작동하는지 하나하나 찬찬히 알아보고자 합니다.

✚ 열은 밀려 들어오는데 온도는 똑같은 상황이라고? 등온 과정

온도가 일정하게 유지되고 있는 테두리 속에 열이 공급되면 어떻게 되는지를 살피는 '등온 과정'에 대해 알아보도록 할까요? 이러한 조건을 만족시키기 위해서는 우리가 들여다볼 테두리에 접촉하고 있는, 그래서 끊임없이 테두리 속의 온도를 일정하게 유지해줄 아주 거대한 열원이 필요합니다.

예를 들어, 아주 아주 정말 거대한 온돌 위에 놓여 있는 피스톤의 경우를 생각해봅시다. 이 피스톤에 온돌이 열에너지를 조금씩 공급해줍니다. 그런데 이 열은 정말 어마어마하게 천천히 공급되고 있어서, 기체의 온도를 계속해서 일정하게 유지할 수 있다고 가정해봅시다.

온도가 일정하게 유지되고 있는 기체는 어떻게 될까요? 열역학 제1법칙 '$\Delta Q = \Delta U + \Delta W$'에 따르면 열을 받은 계는 내부 에너지가 변하거나 일이 발생해야 합니다. 그런데 내부 에너지는 무엇을 뜻한다고 했나요? 아주 작은 기체들이 가지고 있는 운동 및 진동 에너지, 즉 퍼텐셜 에너지라고 이야기했습니다. 다시 말해, 내부 에너지는 '온도'하고만 관련 있는 에너지라는 의미가 됩니다. 온도가 일정하다는 조건은 내부 에너지가 일정하다는 의미가 되는 것입니다. 그렇기 때문에 다른 것이 변해야 합니다.

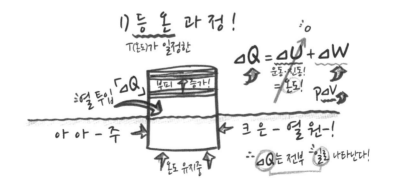

그렇습니다! 일이 발생해야 합니다. 이 때문에 등온 과정에서의 열에너지의 공급은 곧장 기체가 한 일로 나타나게 됩니다. **열에너지가 전부 일로 나타난다!** 이것이 바로 등온 과정에서의 모습인 것입니다.

✚ 부피가 변하지 않는 상황이라면 어떨까? 등적 과정

이번에는 테두리의 부피가 변하지 않는 상황입니다. 열을 공급하든 빼든 부피가 일정하게 유지되고 있는 상황에서는 어떤 일이 일어날까요? 아주 단단한 밀폐 용기 속에 들어 있는 기체가 이러한 상황이 될 것입니다. $\Delta Q = \Delta U + \Delta W$에 따르면, 부피가 변하지 않는 이러한 상황에서 열이 공급되면 아주 자연스럽게 내부 에너지, 즉 기체의 온도가 상승하게 됩니다. 내부 에너지는 온도를 표현하는 에너지입니다. 반대로 열을 빼면 기체의 온도가 내려가 차가워집니다. 기체가 차가워졌다는 것은, 다시 말해 내부 에너지가 줄어들었다는 의미가 됩니다.

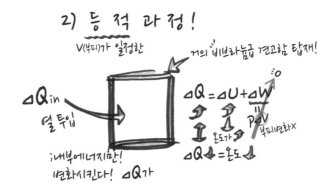

✚ 물총으로 재미있게 가지고 놀던 피스톤 속의 과정? 등압 과정

이번에 만나볼 과정은 어릴 적 장난감으로 가지고 놀던 피스톤에서 확인할 수 있는 등압 과정입니다. '압력'이 일정하게 유지되는 공간 속에서 일어나는 과정으로, 압력이 일정하다는 조건만 만들어주면 됩니다. 예컨대, 항상 약 1기압으로 유지되고 있는 대기압 상황에서 병마개가 고무풍선과 같은 유동적인 물질로 채워진 상태, 또는 부드럽게 움직이는 피스톤과 같은 상태에서 일어나는 과정입니다.

피스톤으로 예를 들어 설명해보겠습니다. 피스톤에 가해진 열은 기체의 온도를 상승시킴과 동시에, 내부의 압력이 외부와 같아질 때까지 부피를 증가시키게 됩니다. 즉, 열에너지의 공급에 의해 내부 에너지가 증가하고 덩달아 일도 하는 그러한 상황으로, 열역학 제1법칙의 모든 내용을 명확하게 다 보여주는 과정이 등압 과정인 것입니다.

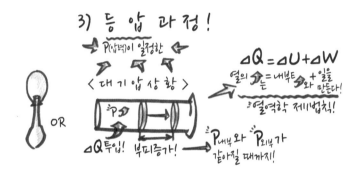

'열을 받은 계는 내부 에너지가 변하고, 또 일을 만든다!'
바로 이것입니다.

✦ 자연에서 가장 찾기 쉬운 과정이라고요! 단열 과정

이번에 살펴볼 마지막 과정은 정말 특이하지만, 한편으로 우리 주변에서 종종 쉽게 접할 수 있으면서 동시에 공학적으로 아주 효과적으로 활용하고 있는 과정입니다. 단열 과정이라고 불리는 이 과정은 앞선 세 가지의 과정들과는 다르게 상당히 빠르게 진행되어 미처 열이 이동하지 못하거나, 열 전달이 완벽하게 폐쇄된 공간 속에서 일어나는 과정을 의미합니다. 대표적으로 기체를 액화시킬 때 사용하는 급속팽창 실린더나, 높은 산맥을 넘어가는 기단 등에서 나타나는 과정입니다.

설명을 위해 모형을 하나 만들어볼까요? 이상적인 단열 과정을 설명하기 위해서는 아주 천천히 진행되는 형태여야만 합니다. 열이 차단되었기 때문에 외부로부터의 열 출입은 전혀 없습니다. '$\Delta Q=0$'이라는 의미입니다. 그렇다면 남은 항을 통해 '$-\Delta U=\Delta W$'라는 형태의 식을 만들어낼 수 있습니다.

이게 도대체 무슨 뜻일까요? ΔW의 값이 양수라면, 즉 이 테두리 속의 기체가 팽창하게 되어 일을 하게 되면, 내부 에너지, 즉 기체의 온도가 줄어들게 된다는 의미입니다. 반대로 ΔW의 값이 음수라면, 즉 이 테두리 속의 기체가 압축되어 일을 공급받게 되면 내부 에너지, 즉 기체의 온도가 올라간다는 의미가 되는 것입니다.

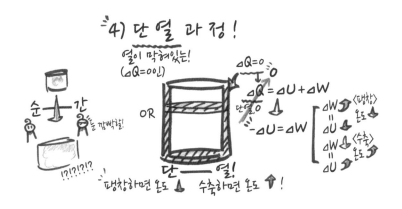

바로 이러한 과정 때문에 높은 산맥의 중턱이나 끝자락에 구름이 형성되는 것입니다. 고도가 올라가면 올라갈수록 대기를 감싸고 있는 압력이 낮아지게 되어, 사면을 타고 올라가는 기체들은 순식간에 팽

창하게 됩니다. 이때 발생하는 과정인 단열팽창 때문에 기체의 온도는 순식간에 떨어지게 되고, 품고 있던 수증기들이 순식간에 응결하게 되는 것이 구름으로 나타나게 되는 것이랍니다. 반대로 여기에서 수분을 거의 다 뺏긴 기단이 이번에는 사면을 따라 아래로 내려가게 되면, 주변의 기압에 의해 아까와는 반대로 빠르게 수축됩니다. 이때 발생하는 과정인 단열압축 때문에 기체의 온도는 올라갔지만 물을 다 뱉어버렸기 때문에 따뜻하고 건조한 바람이 불게 되는, 우리나라의 계절풍인 높새바람이 나타나게 되는 것이랍니다.

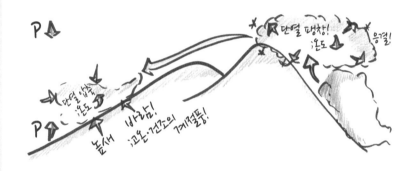

✛ 그렇다면, 이러한 과정들이 어떻게 기관에서 나타나게 될까?

이렇게 열역학 제1법칙의 아주 특별한 몇몇 상황들을 들여다보았습니다. 그렇다면 이러한 과정들이 실제로 어떻게 증기기관과 같은, 즉 열을 동력으로 만들어내는 기관으로 탄생할 수 있는 것일까요? 그 해답을 우리는 '카르노 기관'에서 일어나고 있는 일로 알아볼 수 있습니다.

'카르노 기관'은 프랑스의 기술자이자 자연철학자인 사디 카르노가 고안해냈습니다. 칼로릭을 이용해 열의 효율을 극대화하기 위해 만든 이상 기관의 명칭이자, 여전히 가장 이상적인 효율을 나타내는 척도로서 이용하고 있는 기관입니다.

기관의 작동 원리는 이렇습니다. 우리는 열역학 제2법칙을 통해 높은 열원과 낮은 열원이 만나게 될 경우, 자연스럽게 공평한 상태, 즉 온도가 같아지는 방향으로 나아가고자 하는 자연의 속성 덕분에 열이 이동한다는 것을 알고 있습니다. 이때 발생하는 열의 이동 중간에 카르노 기관을 살짜쿵 올려놓습니다. 그렇게 되면 이 기관 속에 들어 있는 기체가 열의 이동에 중간 다리 역할을 하면서 슬며시 열을 공급받게 됩니다. 공급받은 열을 통해 기관 속의 기체는 말 그대로 '이상 기관'이기 때문에 어쨌든 온도가 일정하게 유지되면서 팽창되고 있다고 가정해봅시다. 그런데 곱게 팽창만 되면 상관없었을 텐데, 지속적으로 피스톤을 밀어버리게 되자 이 기세 때문에 피스톤 속 기체의 부피가 얼떨결에 훅 늘어나게 됩니다. 순식간에 팽창하느라 외부로부터 열이 출입할 시간이 없었던 이 과정은 단열 과정으로 일어나게 됩니다. 부피가 팽창했으니 자연스레 내부 에너지, 즉 온도는 떨어졌겠군요.

그런데 이번에는 열역학 제2법칙에 의해 낮은 열원이랑 접촉하고 있는 실린더 속 열이 슬금슬금 빠져나가게 됩니다. '이상 기관'이니까 어쨌든 온도가 유지되면서 열이 빠져나가게 된다고 보면, 기체는 '에라 모르겠다!' 하며 부피라도 줄여야겠죠? 이렇게 부피가 줄어드는 과정 중에 이게 웬걸, 이번에는 반대로 작용하는 피스톤이 얼떨결에 기체를 꾹 압축시켜버립니다. 역시나 단열압축으로 진행된 이 과정에서 기체는 다시 원래의 온도로 돌아오게 됩니다.

이러한 흐름을 우리는 '**카르노 사이클**'이라고 합니다. 이 과정에서 뜨거운 열원에서 차가운 열원으로 움직이는 열의 흐름이 피스톤을 통해 일로 전환되고, 열을 통해 일을 할 수 있는 이상적인 '열기관'의 형태를 통해 실제 기관들의 효율을 분석할 수 있었던 것입니다.

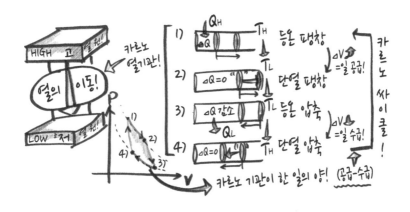

카르노 기관은 말 그대로 이론적 손실이 전혀 없고, 이상기체를 기준으로 작동하는 형태로 해석되기 때문에 '이상적인 기관' 그 자체임이 틀림없습니다. 효율도 단순히 온도를 비교하는 것만으로도 구해낼 수 있죠. 만약, 켈빈 경이 지적했던 것과 같이 열에너지가 전부 일로 바뀔 수 있었다면, 이 기관의 효율은 100%가 될 수 있겠죠?

열 손실이 없는 영구 기관은 갑자기 뜬금없이 물이 솟아오르는 기적과 같은 일입니다. 열역학 제2법칙을 거스르는 **영구 기관은 존재할 수 없다는 것은 이미 엔트로피의 법칙을 통해 규명**되었습니다. 열기관이 작동한다는 사실 그 자체가 영구 기관을 존재할 수 없게 만드는 것입니다! 정말 많은 사람들이 아직까지도 여전히 무한동력이라는 꿈의 아이디어를 포기하지 못하고 다양한 시도들을 하고 있지만, 안타깝게도 우리의 우주가 바뀌지 않는 한 이는 구현 불가능한 아이디어인 것이죠.

이렇게 열역학 제1법칙과 제2법칙이 어떠한 형태로 우리 자연에서 모습을 드러내는지, 그리고 기술자들은 어떻게 이러한 과학적 지식을 공학에 적용했는지에 대해 알아봤습니다.

사실 열역학에는 두 가지 법칙이 더 존재합니다. 4부가 0번으로 시작하는 이유도 열역학이 제0법칙으로 시작하기 때문이지요. **모든 물질은 오랜 시간이 지나면 열적 평형 상태, 즉 같은 온도가 될 때까지 열을 교환한다는 법칙인 열역학 제0법칙, 그리고 물질은 본질적으로 절대 0도에 도달할 수 없다는 법칙인 열역학 제3법칙**이 바로 그것들이죠. 이 두 가지의 법칙은 사실 열역학 제2법칙이 정립된 이후, 아주 작은 세계의 본질이 서서히 밝혀지면서 완성된 놀라운 법칙들입니다.

무엇을 들여다보았길래 이러한 새로운 법칙이 깜짝 등장하게 되었을까요? 그 세계는 바로 온도와 압력, 그리고 부피는 물론이고, 그보다도 더욱 작은 세계의 본질을 설명하는 법칙입니다. 또한 이 세상의 모든 물질의 상호작용을 설명하고자 하는 학문, 그래서 우리가 어떻게 이루어졌는지, 어떤 방식으로 상호작용하는지를 들여다보는 학문인 '양자역학'의 탄생에 의해 만들어지게 되었습니다. 그리고 이들은 결국, 열 통계역학이 추구하는 세계의 본질과 그 끝에서 만나게 된 아주 작은 세계를 이루고 있는 대상들의 오묘한 조화를 통해 '양자 통계역학'이라는 이름으로 새롭게 탄생됩니다.

5부

과학의,
과학에 의한,
과학을 위한 과학

기본 단위계 이야기

http://bitly.kr/Cookie05

〈과학쿠키〉의 기본 단위계 재생목록

1. 단위 체계는 언제부터 만들어졌을까?

단위의 역사 이야기

▶

혹시 '도량형'이라는 말을 들어본 적 있나요? 뜻으로 하나씩 살펴보면, 길이를 나타내는 '도(度)', 크기를 나타내는 '양(量)', 무게를 나타내는 '형(衡)'을 합친 단어입니다. 흔히 우리가 '단위'라고 부르고 있는 것들을 모아놓은 말입니다. 오늘날 세계 많은 나라에서 공통된 기준으로 킬로그램(kg)이나 암페어(A) 같은 이른바 'SI 기본 단위'를 이용하고 있습니다. 그런데 여러분, 인류는 언제부터 '기준'을 이용하며 살아왔을까요? 과학의, 과학에 의한, 그리고 과학을 위한, 기준을 만들어나가는 과학사 이야기를 함께 들여다보겠습니다!

+ '단위'는 인류에게 왜 필요하게 되었을까?

아주 오래전, 어쩌면 문명이 탄생하기도 전에 인류는 생존을 위해 각기 다른 방식으로 '재화'를 생산해왔습니다. 이 재화라는 것은 식품, 토기, 무기 등 생활에 필요한 다양한 도구들은 물론 삶을 영위하는 데 사용할 수 있는 다양한 대상을 의미합니다. 그러나 재화가 다양하듯 한 사람이 모든 재화를 만들 수는 없는 노릇이었고, 이러한 이유에서 사람들은 자신의 재화를 다른 사람들의 재화와 '물물교환'이라는 방법을 통해 나누기 시작했습니다. 그리고 가까운 훗날, 서로가 서

로의 재화를 '얼마만큼'으로 나눌지에 관한 '기준', '도량형'이 탄생하게
되었습니다.

그런데 여기서 궁금한 게 있습니다. 대체 이 물물교환으로서의
'기준'은 언제 어디서 탄생하게 되었을까요? 학자들은 탄생 장소로 4대
문명의 발상지들 가운데 이집트와 메소포타미아를 꼽고 있습니다. 이
지역에서 등장한 단위가 바로 큐빗(Cubit)입니다. 팔꿈치를 굽힌 상태
로 중지 끝에서 팔꿈치 끝까지의 길이를 기준으로 삼았는데, 이때 파
라오의 몸을 이용해 큐빗의 길이를 정했다고 합니다. 요즘의 단위랑
비교한다면 약 45.8cm를 1큐빗으로 사용했다고 합니다.

여담이지만, 우리나라에서도 큐빗처럼 직관적으로 만들어진 '줌'이
라는 단위가 있습니다. '한 줌'은 주먹 한 번으로 움켜쥘 수 있는 면적
의 양을 의미하는 단위입니다. 요즘의 단위와 비교하면 $0.15m^2$랍니다.

✚ 공통된 '단위'가 필요해지다

이렇게 일상 속에서 재화를 비교하기 위해 만들어진 '단위'는 시대
가 흘러 문명이 성장하면서 수많은 국가들이 탄생함에 따라 국가 간
무역 등의 교류에 반드시 필요하게 되었습니다. 기준이 나라마다 다를

때 발생할 수 있는 문제, 예를 들어 우리나라에서 상자에 100개만큼 담은 콩이 옆 나라의 기준에서는 95개밖에 안 될 수 있기 때문에 모두에게 공통된 단위가 필요해졌습니다.

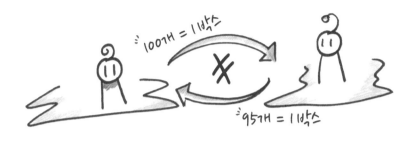

그리고 이러한 문제는 비단 삶의 영역에만 국한된 문제가 아니었습니다. 갈릴레이 이후의 과학계는 근대 과학적 방법, 다시 말해 '측정'의 중요성이 대두되기 시작하면서, 당시의 많은 자연철학자가 서로의 실험 결과를 검증하고자 했습니다. 이렇게 다른 이의 실험을 재현하고자 하는 자연철학자들의 바람은 측정이라는 행위 자체를 만들어줄 수 있는 기준인 '단위'가 같아져야 한다는 주장으로 이어지게 됩니다.

화학 혁명을 통해 18세기를 이끈 자연철학자 라부아지에는 이러한 주장을 펼친 대표적인 인물입니다. 혁명 당시의 프랑스에는 상식적으로 이해가 안 될 만큼 무수히 많은 단위가 있었는데, 그 이유는 황당하게도 시내와 교외, 그리고 지방마다 고유의 단위가 다 다르게 존재했기 때문입니다. 누구보다도 이러한 단위 개혁에 관심이 많았던 라부아지에는 이를 해결하기 위해 1790년에 과학 아카데미의 재무관으로 임명됩니다. 이때부터 누구나 납득할 만한 **기본 단위**를 만드는 일을 본격적으로 시작하게 됩니다.

라부아지에는 생각했습니다. 전 세계 모든 이가 납득할 만한 기준을 만들기 위해서는 우리에게 삶의 터전을 제공하고 있는 단 하나의 공통된 유산, 즉 '자연'에서 그 기준을 만들어야 한다고 말이죠.

어떠한 권력 관계에서도, 어떤 정치적 요구에서도 독립할 수 있는 명분! 동시에 변하지 않는 영속성을 지닌 존재! 이러한 조건을 만족시킬 수 있는 대상이 '자연' 말고 또 뭐가 있을까요?

그렇다면 자연에서 얻을 수 있는 것 가운데 과연 무엇을 표준으로 '단위'를 만들어야 할까요? 오랜 논쟁 끝에 자연철학자들은 '지구의 크기'로부터 그 기준을 얻기로 결정합니다. 지구의 자오선을 따라 북극에서 적도까지의 거리를 1,000만분의 1만큼 나눈 거리를 길이의 단위로 사용하기로 했습니다.

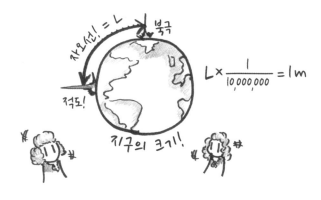

기준의 후보를 결정했으니 이번에는 측정에 나서야겠죠? 그런데 이 측정은 처음부터 끝까지 잴 수 있는 거리가 아니었습니다. 측정이 올바로 이루어지기 위해서는, 실제로 북극점으로부터 적도까지 내려오면서 정확하게 거리를 재야 하는데, 중간에 있는 바다 때문에 물리적으로 측정이 불가능했습니다. 그렇다면 대체 어떻게 해야 할까요? 답은 생각보다 간단합니다. 약간의 수학을 이용하기만 한다면 얼마든지 지구 둘레의 길이를 계산을 통해 산출할 수 있습니다. 그 방법을 함께 들여다볼까요?

✚ 단위의 혁명을 위한 눈물겨운 여정의 시작

먼저 프랑스 과학자들은 프랑스 북쪽 끝자락 국경 지역인 덩케르크와 스페인 남쪽의 바르셀로나로 이동했습니다. 그리고는 파리를 관통해 바로셀로나까지 이어지는 자오선의 길이를 측정할 일정을 계획했습니다. 이 자오선의 길이만 정확하게 측정할 수 있다면, 두 지점의 위도로부터 호의 각을, 자오선의 길이로부터 호의 길이를 구할 수 있게 되고, 이를 이용하면 자오선을 단면으로 하는 원주의 길이, 즉 지구 둘레의 길이를 계산할 수 있게 됩니다. 이 같은 계산을 위해 원정대는 1년 안에 측정을 마치겠다는 계획을 짜게 됩니다.

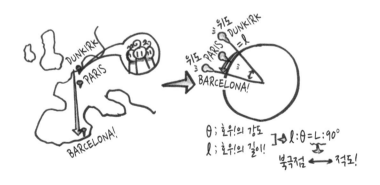

그런데 그들의 예상은 처음부터 어긋났습니다. 당시 프랑스는 대혁명으로 상당히 혼란스러웠던 데다가, 원정 도중 곳곳에서 전쟁이 발발했기 때문에 거리 측정을 하기에 매우 열악한 상황이 이어졌습니다. 심지어 정체를 알 수 없는 온갖 측량 도구들을 짊어지고 산이나 종탑에 올라가서 주위를 관찰하며 기록하는 원정대의 모습은 전쟁통을 겪고 있는 시민들의 눈에 당연히 수상해 보였을 것입니다. 아니나 다를까, 신고를 당해 감옥에 갇히기도 하고 심지어는 목숨을 잃을 뻔하기도 했습니다. 정말이지 강인한 목표의식과 열정 없이는 절대 성공하지 못했을 일임에는 틀림없죠?

이러한 고난 속에서도 자신들의 과제인 자오선 측정이라는 임무를 묵묵히 수행한 원정대는 결국 1798년 10월 프랑스 남부의 카르카손에서, 본래 계획했던 1년보다 한참 뒤인 약 6년 만에 마주하게 됩니다. 이 측정 결과를 바탕으로, 드디어 1799년에 세계 최초의 국제과학협회인 국제위원회를 통해 **북극점으로부터 적도까지의 길이를 1,000만분의 1만큼으로 쪼갠 길이의 표준**, 즉 '미터원기'가 탄생하게 됩니다.

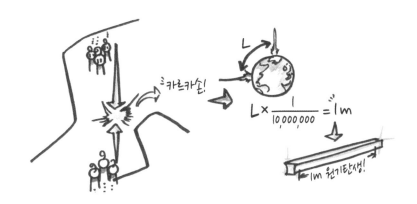

여기에서 잠깐! 왜 하필 '미터(Meter)'라는 용어를 사용하게 된 것일까요? 당시 도량형을 개혁하던 프랑스 아카데미 소속 과학자들은 새 도량형에 걸맞은 근사한 이름이 있어야 한다고 주장했습니다. 그래서 '재다'라는 의미의 라틴어 '메트룸(Metrum)'에서 유래한 '미터'라는 이름이 채택되었는데, 놀라운 것은 과학자가 아닌 한 시민에 의해 이름이 만들어졌다는 점입니다.

이렇게 해서 드디어 세계 최초로 자연으로부터 유도해낸 최초의 국제도량형 단위, '미터'가 탄생하게 됩니다. 그리고 이 '미터'를 이용해 '리터(L)' 등의 부피 단위를 만들어내고, 다시 그 리터를 이용해 질량을 정의하는 데 이용하기도 합니다.

그런데 아이러니하게도, 프랑스에서 탄생한 미터법을 최초로 거절한 국가가 프랑스였다는 사실입니다. 그러나 주변국들의 미터법 사용과 국제 정세의 복잡한 상황이 맞물리자, 결국 프랑스도 1840년에 미터법 사용을 의무화하게 됩니다. 미터법을 만들기 시작한 지 40여 년 만에 드디어 모국인 프랑스에서 미터법이 자리 잡을 수 있게 되었다는 사실이 정말 재밌지 않나요?

✛ 미터법, 계속해서 세계로 뻗어나가다

미터법은 계속해서 전 세계로 뻗어나가 이제는 누구나 이를 이용하게 되었습니다. 18세기 중엽부터 인류의 생산성 증대에 엄청나게 기여한 '산업 혁명' 이후, 각 나라가 산업적으로 어떠한 성과를 일궈냈는지를 비교하는 '만국 박람회'를 통해 모든 나라에서 통일된 도량형 제도가 필요함을 깨닫게 되었습니다. 이에 각 나라에서 모인 여러 과학자들이 1875년에 **'미터협약'**이라는 국제 협약을 만들어냅니다. 이 시점을 계기로 '모든 시대, 만인을 위한' 도량형을 만들고자 한 과학자들의 꿈은 현실이 됩니다.

이 미터협약은 총 세 개의 기구를 탄생시켰습니다. 미터협약의 국제 협력과 사무를 담당하는 **국제도량형국**(BIPM), 각국에서 이루어지고 있는 도량형 관련 자문단으로 구성된 **국제도량형위원회**(CIPM), 그리고 마지막으로 4~6년마다 협약에 가입한 모든 회원국의 대표가 참석해 의제를 나누는 총회인 **국제도량형총회**(CGPM)가 있습니다. 이 세 개의 기구들은 창립 이래 지속적으로 기본 단위에 관한 협력 연구를 진행합니다. 그런데 바로 얼마 전, 60여 개국의 회원국 대표들이 한자리에 모였던 제26차 국제도량형총회에서 SI 기본 단위 중 무려 네 개의 단위가 재정의되는 역사적인 사건이 일어났답니다.

✚ 제26차 국제도량형총회에서는 어떤 일이 있었을까?
2018년 11월에 개최된 제26차 국제도량형총회에서 기존에 사용하던 네 개의 SI 기본 단위인 킬로그램(kg), 암페어(A), 켈빈(K), 몰(mol)의 재정의에 관한 내용 발표와 의사 결정이 이루어졌습니다. 국제도량형국에 등록된 60여 개국에 위치한 표준을 연구하는 기관의 대표들이 한자리에 모여, 여전히 원기로 사용되던 킬로그램을 자연의 에너지를 설명하는 불변의 상수, 플랑크 상수로 재정의하는 역사적인 일이 이번 회의를 통해 이루어지게 된 것입니다. 이 역사적인 단위 재정의에 관한 이야기는 다음 장에서 다루겠습니다.

✚ 우리 삶에서 '기준'의 중요성

'단위'는 우리 삶에서 아주 기본적인 필요에 의해 등장하게 되었습니다. 17세기에 이루어진 과학 혁명을 계기로 모든 과학자가 서로의 연구 성과를 비교, 재현해볼 수 있는 바탕을 얻어냈습니다. 과학은 나날이 발전했고, 그 결과 우리의 삶도 과거와는 비교할 수 없을 정도로 풍요로워질 수 있었습니다. 그리고 이 모든 것의 시작이, 전 세계 모든 사람이 공감할 수 있는 방법으로 '기준'을 세우려고 했던 노력에서 출발해, 현재 '미터협약'의 탄생을 일궈냈다는 사실이 너무 놀랍지 않나요? 오늘은 우리의 일상을 돌아보면서 어느 곳에 어떤 단위가 쓰이고 있는지, 그리고 그 단위는 어디에서부터 출발했는지 한번 들여다보는 건 어떨까요?

2. SI 기본 단위들은 어떻게 만들어졌을까?

일곱 가지 SI 기본 단위 이야기

　프랑스 파리에서 열린 제26차 국제도량형총회에서는 네 가지 SI 기본 단위인 킬로그램(kg), 암페어(A), 켈빈(k), 몰(mol)을 우리가 사는 우주에 존재하는 불변 상수인 기본 전하(e), 볼츠만 상수(k), 아보가드로 상수(NA), 플랑크 상수(h)를 이용해 다시 정의할 것을 최종 표결했습니다. 이에 따라 다가오는 2019년 5월, 인류는 드디어 외부의 요인이나 실험에 의해 변하지 않는 기본 단위를 얻게 될 것입니다. 이 불변의 기준을 통해 과학계는 좀 더 정밀하고, 정확한 측정이 가능하게 되는 놀라운 일을 맞이하게 될 것입니다.

　그런데 여러분, 궁금하지 않나요? 우리가 기존에 사용하고 있던 'SI 기본 단위'들은 처음 탄생할 당시에는 어떠한 방법을 통해 그 아이디어가 등장하게 된 것일까요? 그리고 오늘날 상수들로 정의되기까지 이러한 단위의 기준들은 어떻게 변해왔으며, 어떠한 방법을 통해 현재의 정의로 바뀌게 된 걸까요? 그래서 이번 장에서는 현재의 국제도량형인 'SI 기본 단위'들이 어떻게 탄생하게 되었으며, 새롭게 정의되는 네 개의 단위들은 과연 어떠한 방법으로 정의되는지를 함께 들여다보겠습니다.

✛ 일곱 가지 SI 기본 단위에는 어떤 것들이 있을까?

SI 기본 단위들의 탄생을 알아보기에 앞서, 먼저 지금 사용하고 있는 단위들에는 어떤 것이 있는지 함께 알아보겠습니다. SI 기본 단위란 'International System of Unit'의 줄임말로, 전 세계 모든 나라에서 사용하고 있는 가장 기본이 되는 단위들을 말합니다. 총 일곱 가지로 이루어진 기본 단위들을 하나하나 이야기해보자면, 길이를 나타내는 미터(m), 시간을 나타내는 초(s), 질량을 나타내는 킬로그램(kg), 전류를 나타내는 암페어(A), 온도를 나타내는 켈빈(K), 구성물질의 양을 나타내는 몰(mol), 빛의 밝기를 의미하는 광도를 나타내는 칸델라(cd)가 바로 그것입니다. 이 단위들을 이용하면 면적, 부피 등 우리 삶에 필수적으로 필요한 단위들과 기초 과학에서부터 응용·심화 과학에 이르기까지 모든 분야에 사용되고 있는 단위를 만들어낼 수 있답니다.

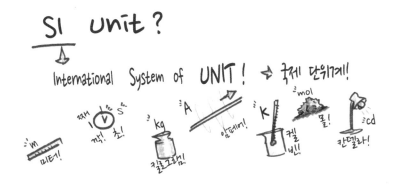

시민들과 상인, 그리고 자연철학자들의 수요에 의해 등장하게 된 이 SI 기본 단위의 시작은, 온갖 역경과 고난을 극복한 측정단의 노력에 의해 탄생하게 된 1m를 정의하는 기본 원기, '미터원기'로부터 출발했습니다. 우연인지 필연인지, SI 단위들 가운데 가장 먼저 불변의 값

을 얻기도 했습니다. 그러한 의미에서 함께 '미터'에 관한 이야기를 먼저 만나보도록 할까요?

+ '미터'는 무엇이며, 어떻게 등장하게 되었을까?

'미터'의 시작은 '길이'의 기준을 세우고자 하는 의도에서 출발했습니다. 미터는 '북극'점으로부터 '적도'점까지의 길이를 1,000번 쪼개고, 그걸 또 1,000번 쪼갠 다음, 또 그걸 10번 쪼갠 만큼의 길이로 정해지게 됩니다. 이 길이를 정밀하게 측정하기 위해 프랑스 측정원정대는 프랑스 북부 끝 지역인 덩케르크로부터 파리를 지나 스페인 바르셀로나까지의 자오선을 따라 이동하면서, 지구 표면의 호의 길이를 정밀하게 측정하고자 노력했습니다. 이 결과를 이용해 프랑스는 '미터원기'를 만들어내게 됩니다.

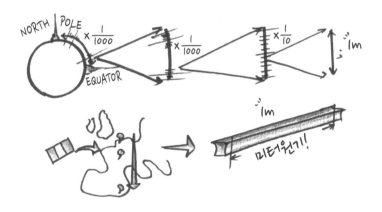

이렇게 미터원기가 등장한 이래로, 몇몇 과학자가 과학에 필요한 가장 기본이 되는 단위로 사용할 수 있을 요소들을 하나하나 제시하게 되면서 단위 체계는 점점 더 구색을 갖춰나가게 됩니다. 1874년, 과학 분야에서 사용하기 위해 고안된 단위계인 **'CGS 단위계'**라는 이름

에서도 알 수 있듯, 최초의 단위는 세 가지로부터 출발했습니다.

Centimeter(센티미터; 길이), Gramme(그램; 질량), Second(초; 시간)!

✚ '초'는 무엇이며, 언제부터 사용했을까?

이때부터 본격적으로 단위계에 등장하게 된 단위 '초'는 사실 아주 오래전 고대 천문학자들로부터 고안되어 일상 속에서도 사용되고 있었습니다. 기준을 세우는 방법은 이렇습니다. 해가 뜨기 시작하는 순간부터 다음 해가 뜨는 순간까지를 '하루'로 정하고, 그 하루의 길이를 24로 쪼갠 뒤, 다시 그걸 60으로 나눕니다. 또 그것을 60으로 나눈 만큼의 시간의 변화를 1초만큼의 시간으로 정한 것입니다.

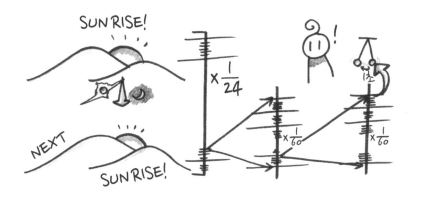

그런데 여러분, 혹시 '자이로스코프'라고 불리는 장난감을 알고 있나요? 자이로스코프 안쪽에 있는 팽이를 빠르게 돌리면, 스코프 속 팽이가 빠르게 돌면서 만들어주는 '각운동량' 때문에 쉽게 넘어지지 않고 바로 설 수 있도록 만들어진 장난감이지요. 지구도 마찬가지입니다. 이 장난감처럼 지구도 자전을 하고 있어서 아주 강한 각운동량을 가지고 있습니다.

갑자기 왜 지구 이야기를 꺼내냐고요? 사실 천문학자들이 아주 재미있는 사실을 알아냈거든요. 마치 자이로스코프의 회전축이 뱅글뱅글 돌아가는 것처럼, 지구의 자전 속도가 일정하지 않을뿐더러 회전축도 계속 변한다는 사실을 말이죠. 이러한 현상을 우리는 '세차 운동'이라고 부릅니다. 이 세차 운동과 자전의 변화가 하루의 주기를 계속해서 바뀌게 한다는 문제점이 제기되었고, 더불어 기존에 사용하던 시간의 기준이 계속해서 바뀔 수도 있다는 걸 천문학자들이 알아내게 되었습니다. 그렇다면 대체 어떻게 기준을 정하면 좋을까요? 더 변하지 않는 걸 찾으면 될 텐데, 우리 주변에서 그런 게 뭐가 있을까요? 그래서 찾아낸 것이 아주 단순하게 진동하는 '단순 조화 운동', 그중에서도 흔히 찾아볼 수 있는 대상인 **'진자의 주기 운동'**입니다!

✚ '진자의 주기 운동'을 이용해 '시계'를 만들다

진자의 주기 운동! 17세기 중반 과학 혁명을 이끈 자연철학자 갈릴레오 갈릴레이는 물체의 운동을 수학적으로 분석하려면 '일정한 시간 간격'을 정하는 것이 매우 중요하다는 것을 깨달았습니다. 피렌체 대학에서 의술을 전공하고 있던 당시, 샹들리에의 주기 운동을 유심히 관찰하던 그는 무언가 아주 특별한 사실을 깨닫게 됩니다. 왔다 갔다를 반복하고 있는 샹들리에가 일정한 시간 간격으로 왕복 운동을 한다는 사실을 알아차린 것입니다! 이러한 생각을 검증하기 위해 갈릴레이는 자신의 맥박이 뛰는 속도와 샹들리에의 스윙 속도를 비교했는데, 맥박의 횟수와 샹들리에의 이동 주기가 비례한다는 사실을 경험적으로 깨닫게 됩니다. 갈릴레이는 이 원리를 가지고 세계 최초로 일정하게 움직이는 진자 추를 이용한 시계를 고안하게 됩니다. 이후 '시간'이라는 요소가 과학계 전반은 물론 시민들의 삶의 영역으로 깊게 파고들게 됩니다.

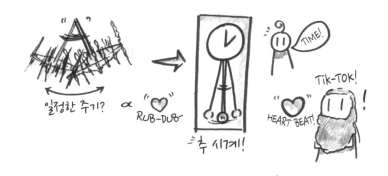

✛ 지구를 기준으로 만들어낸 미터를 이용해 질량을 정하다!

한편, 물질의 질량을 나타내기 위한 기준을 세우고 싶었던 몇몇 자연철학자들은 1m(미터)를 10등분한 단위인 1dm(데시미터)를 이용해 가로×세로×높이로 이루어진 부피 1L(리터)에 0℃의 물을 채워, 그 물의 무게만큼을 1Grave(그라브)로 정하게 됩니다. 그라브는 무게를 뜻하는 라틴어 그라비타스(Gravitas)에서 따온 명칭인데, 당시 귀족들은 이 단위 이름을 별로 달갑게 생각하지 않았습니다. 이유인즉, 귀족을 뜻하는 단어인 그라프(Graf)와 발음이 비슷하다는 것이었죠.

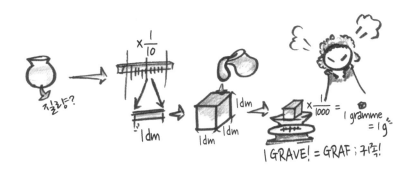

또 너무 많은 양을 기준으로 삼는다는 지적도 과학자들 사이에서 주장되었기 때문에 1Grave를 1,000등분한 만큼의 양인 1Gramme(그램)이 질량의 기준으로 정해지게 됩니다.

이렇게 도입된 세 가지 단위는 과학 연구와 나라 간 무역은 물론, 일상생활 곳곳에서도 점점 유용하게 사용되었습니다. 과학의 발달에 따라 기술과 사회도 점점 발달하면서, 어느새 인류는 '열'을 이용해 '동력'을 얻어낼 수 있는 기상천외한 능력인 '증기기관'을 얻어내기에 이릅니다. 그런 뒤 얼마 지나지 않아 전기와 자기 현상을 이용해 '동력'을 얻어낼 수 있는 기적의 능력, '전동기'를 만들어내게 됩니다.

이러한 시대적 흐름에 따라 과학자들은 본격적으로 '전기'와 '열 현상'을 연구하기 시작했고, 이는 곧 '전기'와 '열'에 관한 '기준'을 세우는 일로 이어지게 됩니다. 그렇습니다! **전류의 단위와 온도의 단위가 필요하게 된 것입니다!**

✛ 드디어 본격적으로 단위가 만들어지다

한편, 1889년에 시행된 제1차 국제도량형총회(CGPM)에서는 기존에 사용하고 있던 CGS 단위계[센티미터(cm)·그램(g)·초(s)]를 대체할 새로운 단위계인 **MKS 단위계**[미터(m)·킬로그램(kg)·초(s)]를 발표합니다. 이때 선언하게 된 1m, 1kg은 각각 외부의 요인에 의한 반응성이 극한으로 낮은 물질을 연구하다 찾아낸 합금과 백금-이리듐으로 만든 미터원기와, 1g 값의 1,000배를 한 만큼의 양인 킬로그램원기에 의해 공식적인 기준이 정해지게 됩니다.

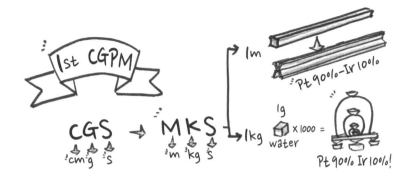

이어서 '전기'와 '온도'의 기준에 관한 시대적·과학적·사회적 요구에 따라 1946년 제9차 국제도량형총회에서는 이를 반영한 단위를 만들게 됩니다. '무한히 길고 무시할 수 있을 만큼 작은 단면을 가진 두 개의 평행한 직선 도체가 진공 속에서 1m의 간격으로 유지되고 있을 때, 두 도체 사이에 발생하는 힘이 미터당 $2 \times 10^{-7}N$(뉴튼) 만큼의 힘을 발생시키는 일정한 전류가 흐르는 그 양을 1A(암페어)로 정의하게 됩니다. 이때부터 MKS 단위계는 암페어가 포함된 이름인 MKS'A' 단위계로 이름이 바뀌게 됩니다.

그리고 다음 회차인 제10차 국제도량형총회에서는 드디어 온도의 단위, K(켈빈)이 정의됩니다. 온도를 변하지 않는 기준을 이용해 매우 정밀하게 정의하기 위해, 물이 기체·액체·고체 상태가 동시에 존재하는 매우 기묘하고도 특수한 조건에서의 온도, 즉 세 가지 상태가 동시에 존재하는 물의 삼중점 온도를 273.15K로 정의하게 됩니다. 이는 추후 1989년 국제도량형위원회의 권고 요구에 따라 0.01도 증가한 273.16K로 정의됩니다.

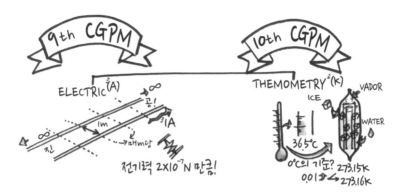

그 다음으로 1960년에 열린 제11차 국제도량형총회에서는 '1초의 단위가 천문학적으로 너무 불안정하니, 과거의 특정한 연도를 주기로 정하자'고 요구합니다. 이와 함께 1900년 1월 0일 12시를 기준으로 하는 태양년, 즉 그 날짜의 그 시간을 기준으로 하는 1년 동안의 시간을 31,556,926.9747만큼 등분한 시간을 1초로 재정의하게 됩니다. 이렇게 하면 과거의 시간을 기준으로 하고 있으니 상대적으로 변하지 않는 기준을 얻는 데 성공했다고 할 수 있는 것이죠.

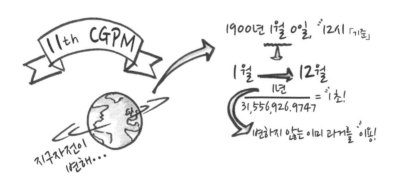

✚ 진짜 변하지 않는 기준을 원해? 원자에서 찾아봐!

그러나 이러한 정의 또한 그다지 적절치 않다고 생각한 과학자들은 곧이어 열리게 된 제13차 국제도량형총회에서 새로운 의견을 제시했습니다. '변하지 않는 절대적인 기준을 얻고자 한다면, 원자의 속성을 이용하면 된다'고 주장한 맥스웰의 아이디어를 이용해 세슘 원자의 진동, 즉 세슘 속에서 활동하는 전자들이 가질 수 있는 어느 특정한 레벨의 에너지와 바로 그다음 레벨의 에너지 사이를 오가며 **진동하는 전자가 약 9,192,631,770번 움직일 때의 시간을 1초로 정의**하게 됩니다. 이 기준이 현재까지 시간의 기준으로 쓰이고 있는, 오차 범위 10^{-16} 이라는 매우 정밀한 기준이 됩니다.

또 이러한 아이디어를 이용해서 미터의 정의 역시 원자의 속성을 통해 재정의되게 됩니다. 기존 원기가 나타내고 있는 1m의 길이를, **크립톤 86원자**가 진동하며 방출하는 빛의 파장에 대응시켜 그 파장의 **1,650,763.73배** 한 만큼의 길이를 1m로 재정의하게 된 것이죠. 원자의 특성을 이용해 미터원기가 가지고 있는 결정적인 단점, 물리적 환경에 자유롭지 못해 시간이 지남에 따라 계속해서 변하는 단점을 극복한 것입니다!

한편, 1900년대 이후 뜨거운 물체에서 방출하는 복사 에너지에 관한 흑체복사 연구를 통해 과학자들은 뜨거운 물체와 직접 접촉하지 않아도 방출하는 빛을 통해 온도를 분석할 수 있는 방법을 알아냈습니다. 이를 통해 열에 의해 만들어지는 빛을 기준으로 전자기파의 복사가 얼마나 이루어지는지를 나타내는 단위 칸델라(cd)가 만들어집니다. 시간의 기준인 초를 정하게 된 제13차 국제도량형총회에서 칸델라도 함께 정의되면서, 이후 빛의 세기에 관한 기본 단위가 SI 단위계에 추가됩니다.

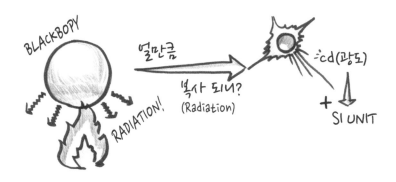

　　다음 회차인 제14차 국제도량형총회에서는 드디어 화학에 관련된 단위가 기본 단위에 추가됩니다. 양자역학의 발견 이래 최대의 황금기를 맞이하며 급속도로 발달한 학문인 물리·화학의 빛나는 성과에 따라, 과학자들은 아주 작은 세계의 분자 또는 원자들의 수를 세야 할 필요가 생겼습니다. 멘델레예프(Dmitri Mendeleev)를 시작으로 모즐리(Henry Moseley)를 통해 완성된 주기율표에 따르면, 탄소 12는 양성자 6개와 중성자 6개를 가지고 있는 원자입니다. 바로 이 탄소 12를 이용해서, 탄소 12를 12g만큼 모아놓을 때의 탄소의 수, 즉 6.02x1,023개라고 하는 이 천문학적으로 많은 수를 '아보가드로 수'로 정의하게 되며, 이날을 기점으로 아보가드로 수만큼 모인 분자 또는 원자의 숫자를 몰(mol)이라는 새로운 단위로 부르게 됩니다.

몰을 정의했던 바로 이 단위 재정의의 기본 아이디어 덕분에 주기율표나 화학식에 원자량 또는 분자량이라고 표기된 숫자들의 진짜 의미는, 그 원자나 분자를 아보가드로 상수만큼 모아놓았을 때의 그램(Gram), 즉 질량을 의미하는 것입니다! 참 재미있고 신기하지 않나요?

✚ 일곱 가지의 SI 기본 단위들이 모두 탄생하다!

이렇게 해서, 1971년 제14차 국제도량형총회 이후 우리 인류는 **길이, 시간, 질량, 전류, 온도, 광도, 물질량**이라고 하는 일곱 가지의 국제 단위 체계를 완성하게 됩니다. 하지만 여전히 숙제는 남아 있었습니다. 원자의 속성을 이용해 이상적인 조건을 마련했음에도 불구하고 길이, 시간, 질량, 전류, 온도, 물질량은 '여전히' 불안정한 기준, 즉 '불확도'를 가지고 있었거든요. 매번 아주 정밀하고도 정확하게 측정하려는 시도를 지속함에도 불구하고, 측정할 때마다 약간씩의 오차가 발생했습니다. 심지어 킬로그램(㎏)은 '여전히' 과거에 만들어진 '백금—이리듐 원기'를 사용하고 있었기 때문에, 언제 파손되어도 이상하지 않을뿐더러, 소름 돋게도 아주 완벽하게 안정된 조건에서 보관하고 있었음에도 불구하고 질량이 변하는 일이 일어나게 됩니다.

그래서 과학자들은 고민했습니다. 대체 어떻게 하면 영원히 변하지 않을 수 있는 기준을 만들어낼 수 있을지에 대해서요. 이러한 고민 끝에 그들은 결국 엄청나게 놀랍고도 현명한 아이디어를 떠올리게 됩니다. 바로 '우주에서 변하지 않는, 자연을 나타내는 절대적인 상수들을 이용해 단위를 정의하면 어떨까?' 하는 놀라운 발상을 말이에요!

3. 기본 상수를 이용해 네 개의 단위가 새롭게 정의되다

단위 기준값의 재정의 이야기

지난 장에서 우리는 일상뿐만 아니라 모든 산업의 저변, 그리고 과학에서 유용하게 사용되고 있는 SI 기본 단위들을 어떻게 만들게 되었는지, 그 철학은 무엇이었는지에 관해 하나하나 알아보았습니다. 이 과정을 거쳐, 드디어 인류는 모든 영역에서 동일한 기준을 가지고 서로의 양을 비교할 수 있는 기준인 '기본 단위 일곱 개'를 얻어내게 되었습니다. 17세기 과학 혁명 이후, 과학에서의 '측정'이라는 행위는 '과학'을 행하는 데 너무나 중요한 요소였고, 세계 많은 과학자의 콜라보레이션과 연구를 통해 과학은 커다란 성장을 맞이할 수 있게 되었습니다.

그럼에도 불구하고, 최고로 정밀한 아이디어로 이행하고 있었음은 틀림없었으나 여전히 이 일곱 가지의 SI 기본 단위들은 변하는 값, 즉 불확도를 가지고 있었습니다. 일상생활에서는 전혀 의미 없는 것 같은 이 작은 차이가 아주 정밀한 측정을 요구하는 과학 저변에서는 실험 결과의 오차를 크게 발생시키는 커다란 요인으로 작용했습니다. 이는 곧 산업과 기술의 발달로 이어지게 되면서, 결국 인류의 삶의 질을 위해서라도 불변성을 가지는 기준의 상정은 필수 불가결한 요소가 되었습니다.

하지만 과학자들은 멈추지 않았습니다. 그리고 결국 찾아내게 됩니다. 원기로부터 출발해 원자의 속성을 정의하는 것에서 그치지 않고, 결국 그들은 우리의 우주를 설명하는 불변의 값들인 자연 상수를 이용하기에 이르게 됩니다.

이번 장에서는 바로 이러한 자연 상수들에 의해서 어떻게 SI 기본 단위가 불변의 값을 가질 수 있게 되었는지, 그 아이디어는 어디에서부터 오는 것이며, 과연 그 정의 방법은 어떻게 되는지에 관한 이야기를 함께 들여다보도록 하겠습니다.

✚ 빛의 속도 c, 미터를 재정의하는 기준으로 사용되다

과학이 지속해서 발달함에 따라 수많은 과학자가 우주와 물질을 이루고 있는 존재는 과연 무엇일까에 관한 의문을 품기 시작했습니다. 19세기를 대표하는 물리학자 제임스 클러크 맥스웰에 의해 정립된 '전자기학'을 통해, 인류는 전기와 자기를 이용해 다양한 현상을 만들어내는 데 성공하게 됩니다. 놀랍게도 이 발견은 그동안 과학계 내에서 가장 궁금하게 여겼던 대상인 '빛'의 본질이 무엇인지에 관한 통찰까지 제공하게 됩니다. '매질'이 필요 없는 파동, '빛'은 전자기파라는 사실을 말이죠.

이러한 사실은 20세기 천재 과학자 아인슈타인을 만나게 되면서, 우주를 바라보는 새로운 관점인 '**특수 상대성 이론**'이라는 놀라운 이론의 탄생으로 이어지게 됩니다. 그리고 이 이론의 입증을 통해 빛은 우리의 우주에서 가질 수 있는 한계 속도, 즉 불변의 값으로 규정되게 됩니다.

바로 이 아이디어에서부터 미터의 재정의가 시작됐습니다. 기존에 정의된 값보다도 훨씬 안정적이고 변하지 않는 기본 단위를 필요로 했던 과학자들은, 이러한 물리학의 놀라운 성과들을 이용해 발견해낸 새로운 대상으로부터 단위를 재정의하기로 결심하게 됩니다. 불변의 속성을 지닌 상수, 빛의 속도를 이용해 미터를 정의하기로 한 것이죠.

일곱 가지의 모든 SI 단위가 결정된 지 불과 12년만인 제17차 국제도량형총회에서 미터의 재정의가 이뤄집니다. 이때 과학자들은 무수하게 시도했던 빛의 속도 측정실험 결과와 맥스웰 방정식을 통해, 자연에서 절대적으로 불변하는 상수 중 하나인 진공에서의 빛의 속도 c를 299,792,458m/s로 정의하게 됩니다. 이 빛의 속도 상수를 이용해 1m의 정의를 빛이 1/299,792,458초 동안 이동한 거리로 다시 정의하게 됩니다. 긴 여정의 종착역에서, 결국 1m는 우리의 우주가 뒤집어지지 않는 한 두 번 다시 변하지 않는 불변의 값을 얻어내게 된 것입니다!

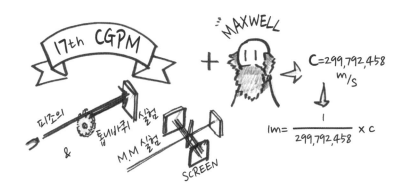

이렇게 길이의 단위는 영원히 변하지 않는 기준으로 재탄생하게 되었으며, 순수과학의 연구 발전에도 지대한 영향을 미치게 되는 놀라운 성과를 만들어내게 됩니다.

그리고 제17차 국제도량형총회 이후 35년만인 2018년 11월 16일, 또다시 단위계의 지각 변동을 알리는 일이 일어납니다. 미터를 재정의했던 바로 그 아이디어, 즉 자연의 상수를 이용해서 단위를 재정의하고자 하는 생각을 통해 무려 네 개의 단위가 네 개의 자연 상수들과 만나게 되어 불변의 값으로 정의되면서, 과학계는 전례 없던 놀라운 성과를 일궈내게 됩니다.

이렇게 새로운 단위들을 정의할 때 이용된 네 개의 자연을 대표하는 상수 'h, k, e, NA'에 대해 이제부터 하나씩 살펴보겠습니다.

✚ 에너지의 패킷 h, 킬로그램을 재정의하는 기준이 되다

먼저, kg을 재정의할 때 사용된 **플랑크 상수** h에 대해 알아보도록 할까요? 18세기 산업 혁명 이후에 공업이 빠르게 발달함에 따라 주요 공업 재료인 철강의 녹는 온도를 측정해야 하는 일들이 일어났습니다. 하지만 약 1,000도 이상의 고온이기 때문에 기존의 온도 측정 방식인 물리적인 접촉은 이용할 수 없었습니다. 이 문제를 해결하기 위해 과학자들은 뜨거운 물체에서 방사되는 전자기파, 열의 복사(Radiation)를 본격적으로 연구하게 됩니다.

1896년 독일의 물리학자 빌헬름 빈은 온도를 가지는 물체는 모든 영역의 전자기파를 방출하고 있으며, 특별히 특정한 영역의 전자기파가 가장 많이 방출된다는 법칙인 '빈의 변위법칙'을 발표하게 됩니다. 이는 우리가 흔히 '색온도'로 알고 있는 바로 그 법칙이죠.

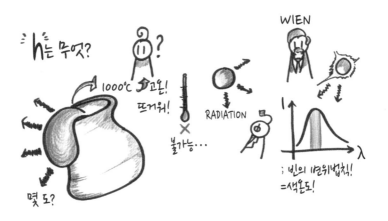

하지만 당시의 과학자들은 이 변위법칙에서 발생하는 전자기파가 대체 왜 이러한 그래프의 형태로 전자기파를 방출하는지에 대한 이유를 알 수 없었습니다. 당시 유명한 영국의 물리학자 레일리도 이 연구에 뛰어들었으나 역시나 엇비슷하게 설명했을 뿐 밝혀내진 못했습니다. 그런데 20세기가 시작할 무렵 한 물리학자가 이 문제를 해결할 멋진 아이디어를 제시하게 됩니다. 바로 그 유명한 독일의 과학자 **막스 플랑크**입니다.

막스 플랑크는 빈과 레일리가 풀지 못한 온도에 따른 전자기파 방출의 법칙을 아주 놀라운 직관으로 해결하게 됩니다. 자연에는 에너지를 전달할 때 일종의 '포장지' 같은 것이 있어서 이것에 에너지를 담아 전달한다고 생각한 것입니다. '포장' 용기에 차곡차곡 담아서 셀 수 있도록 만든다! 그렇습니다. 양자역학의 아이디어가 탄생하게 된 바로 그 순간인 것입니다. 그리고 자연에 존재하는 이 에너지를 담는 '포장지'가 '플랑크 상수'인 것입니다!

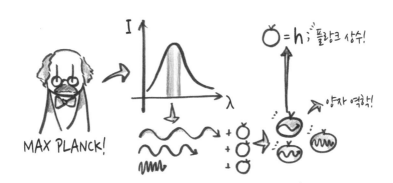

✚ 아이디어의 핵심은 상대성 이론으로부터 시작되다

플랑크의 연구 성과는 곧이어 아인슈타인에게로 이어집니다. '빛'이라는 에너지의 흐름도 플랑크 상수라는 예쁜 포장지에 담겨서 이동하는 것이다'라는 매력적인 아이디어를 떠올리게 된 아인슈타인은 이 것으로 '광전 효과'를 설명할 수 있는 근거를 만들었고, 이를 통해 노벨상을 받게 됩니다. 아인슈타인은 그의 논문에서 이 광전 효과가 일어나는 현상에 대해 빛의 패킷, 즉 빛알의 에너지는 'E=hf', 즉 초당 진동하는 빛의 요동이 플랑크 상수라는 예쁜 포장지에 담겨서 전달된다고 생각했습니다.

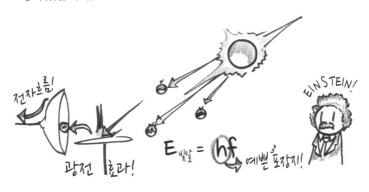

그리고 그해, 기존의 역학 체계를 송두리째 무너뜨린 특수 상대성 이론에 의해 밝혀진 놀라운 사실이 있습니다. E=mc²에 의해 '질량'은 곧 '에너지' 그 자체임이 드러나게 되면서, 드디어 130여 년 만에 질량을 재정의할 수 있는 기적의 논리가 탄생하게 됩니다. 우리의 우주와 자연에 존재하는, 에너지를 포장할 때 쓰이는 '플랑크 상수'라면? 이 상수를 이용한다면 미터를 빛의 속도 상수로 정의했던 것처럼 질량도 플랑크 상수를 이용해 불변하는 값으로 만들어낼 수 있지 않을까?

이 같은 아이디어들을 통해 마침내 브라이언 키블(Bryan Kibble) 박사에 의해 고안된 '키블 저울'과 'X선 단결정 분석'이라는 두 가지의 방법을 이용해, 1kg을 이용한 플랑크 상수의 값을 아주 정밀하게 측정해내는 데 성공하게 됩니다. 이를 통해 정의된 플랑크 상수의 값은

h=6.62607015X10^{-34}[Js]로, 빛에서 그러했듯 앞으로는 이 값을 이용해 kg을 아주 정밀하게 나타낼 수 있게 되는 것이지요.

다음으로 온도의 재정의에 사용되었던 k와 물질의 양을 나타내는 mol, 볼츠만 상수와 아보가드로 상수에 대해 알아보도록 할까요? 이에 앞서 온도라고 하는 것의 본질이 무엇인가에 대한 이야기부터 시작해보겠습니다.

✚ '온도'의 본질은 대체 무엇일까?

우리가 느끼는 '온도'란 물체의 차갑거나 뜨거운 정도를 의미한다는 건 누구나 다 알고 있는 사실입니다. 하지만 우리가 볼 수 없는 세계에서 '온도'를 이야기하려면, 조금 다른 방법을 사용해야 합니다. 우리의 눈으로는 볼 순 없지만 모든 물질은 원자 또는 분자로 이루어져 있습니다. 이러한 작은 개체들은 쉼 없이 진동하거나 사방으로 튀어 다니고 있으며, 어떻게 구성되었는지에 따라 각기 다른 방식으로 고유한 에너지를 가지고 있습니다. 어떤 분자는 매우 빠르게 진동하거나 이동하며, 또 어떤 분자는 매우 느리게 진동하거나 이동합니다. 바로 이 아주 작은 세계의 원리를, 우리가 피부로 느낄 수 있는 방법으로 이해하기 위해 출발한 학문을 '열 통계역학'이라고 부릅니다.

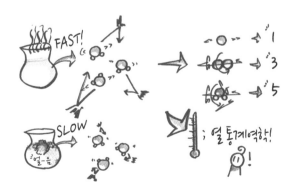

본래 '열 통계역학'은 열을 대상으로 연구하는 학문인 '열역학'으로부터 출발했습니다. 온도에 따른 부피가 어떻게 변하는지, 또는 압력이 어떻게 변하는지에 관한 학문이 바로 그것이죠. 이 학문이 본격적으로 연구되기 시작한 것은 앞선 이야기를 통해 알 수 있듯이 '산업 혁명'의 여파에 의해서였습니다. 당시에는 어떻게 하면 '온도'를 높게 만드는 대상, 즉 '열'을 이용해 최대 효율의 기관을 만들 수 있을까에 관해 많은 기술자와 과학자 들이 연구를 진행했습니다. 그러다 보니 '열'에 관한 여러 자연의 법칙들이 탄생하게 되었고, 이 법칙들의 결과는 곧 기체들의 분자가 온도나 압력, 그리고 부피에 따라 어떻게 운동하는지에 관한 연구로 이어지게 되면서, **'기체 분자 운동론'**이라는 분야를 탄생시키게 됩니다.

이러한 새로운 학문의 지평을 누구보다도 열정적으로 정리한 오스트리아의 물리학자 루드비히 볼츠만은 '기체가 만드는 압력, 즉 기압이란 보이지 않는 무수히 많은 기체 분자가 무작위로 사방으로 튀면서 발생하는 충돌, 즉 기체 분자들의 충격에 의해 발생하는 것이다'라고 이야기했습니다.

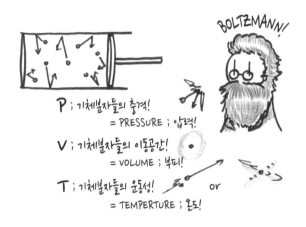

✛ '온도' 현상을 '기체 분자의 운동'으로 본 볼츠만의 아이디어

그는 생각했습니다.

'무수히 많은 공기 분자가 무작위로 사방으로 튄다면, 그들이 벽에 부딪힐 수 있는 확률은 결국 수학적 확률에 수렴하게 될 것이다. 다시 말해, x축, y축, z축의 세 개의 축으로 나누어진 마주 보는 3면의 공간을 생각한다면, 한 면에 충돌하는 기체 분자의 수는 정확하게 1/3일 것이다!'

이러한 생각을 바탕으로 그는 이상기체의 상태를 나타내는 방정식 ($PV=NkT$)과 클래식 역학적으로 구해낸 한 면에 충돌하는 기체 분자의 압력 ($P=\dfrac{nm\overline{v^{-2}}}{3}$)을 이용해, 기체 분자들이 평균적으로 가지는 에너지 값 ($\dfrac{1}{2}m\overline{v^{-2}}=\dfrac{3}{2}kT$)을 수학적으로 유도해내게 됩니다. 이 수학식이 말해주는 것은 너무나 자명했습니다. 온도라는 것은 결국 아주 작은 세계의 분자가 가지는 에너지(좀 더 정확하게는 내부 에너지)인 것입니다!

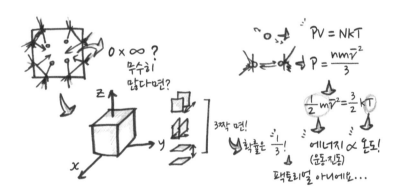

하지만 볼츠만이 이러한 이론을 펼칠 당시 과학계의 분위기는 아직 '원자'나 '분자'의 존재를 인정하지 않았던 터라, 그의 주장에 대해서

과학자들은 냉담한 반응을 보였고, 결국 볼츠만은 자신의 주장에 대한 빛을 보지 못한 채 1906년에 죽음을 맞이하게 됩니다. 볼츠만이 죽은 뒤 수년이 흐르고 나서야 프랑스의 물리학자 장 페랭(Jean Baptiste Perrin)에 의해 '콜로이드 용액에서의 브라운 운동 연구'라는, 우리에게 무척 생소한 연구를 통해 아보가드로의 수를 실제로 확인할 수 있게 되었습니다. 이렇게 '원자'와 '분자'가 존재한다는 사실이 증명되게 된 뒤에서야 비로소 볼츠만의 업적이 인정받게 됩니다. 조금은 씁쓸한 과학사의 한 장면이 아닐 수 없네요.

그리고 또 하나! 우리가 알고 있는 볼츠만 상수 k는 볼츠만이 도입한 것이 아니라, 앞선 전자기파 복사 연구를 진행할 당시 막스 플랑크에 의해서 처음으로 도입되었습니다. 정말이지 막스 플랑크는 자연의 상수를 끄집어내는 데 있어 놀라운 통찰력이 있는 과학자가 아닐 수 없습니다.

자, 그런데 가장 중요한 이야기가 빠졌습니다. 그렇다면 대체 어떻게 볼츠만 상수를 이용해 온도의 단위를 재정의할 수 있을까요? 방법은 여러 가지가 있는데, 그 가운데 우리에게 가장 친숙할 법한 아이디어로 만들어진 실험장치, **음향 기체 온도측정법**(Acoustic Gas Thermometry)에 관해 간단하게 알아보겠습니다.

✚ '소리'를 통해 '온도'를 재정의하다

'음향 기체 온도측정법'이라는 단어에서 바로 알 수 있듯이, 이 방법은 소리의 속도를 이용해 온도를 측정합니다. 어라? 온도 이야기를 하는데 왜 갑자기 소리의 속도가 튀어나왔을까요? 그것이 바로 볼츠만의 핵심 아이디어입니다. 앞서 이야기한 것처럼, 볼츠만은 기체 '분자'들의 운동이 우리가 살고 있는 세상에서 압력, 온도, 그리고 부피로 나타난다고 주장했습니다. 그런데 소리라는 것은 결국 공기 분자의 운동이 사방으로 퍼져나가는 현상이기 때문에 자연스레 온도와 관련 있을 수밖에 없는 대상이었던 것입니다. 바로 이 아이디어를 이용해 기체 분자의 평균 속도와 온도의 관계 $v_0 = \sqrt{\dfrac{3RT}{M}}$ 를 유도해낼 수 있고, 여기에 앞선 볼츠만의 아이디어가 접목되어 소리의 속도와 온도를 이용해 볼츠만 상수를 구해낼 수 있는 실험을 구상할 수 있게 되는 것입니다!

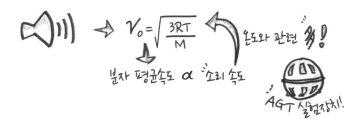

이 실험이 가능할 수 있었던 이유가, 보이지 않는 작은 분자의 세계를 설명하기 위해 맨 처음 아보가드로가 제안한 기체들의 결합을 설명하는 직관적이고 창의적인 방식으로부터 시작해, 볼츠만을 통해 완성된 '기체 분자 운동론' 때문이라는 사실이 정말 놀랍지 않나요?

이렇게 정해지게 된 것이 볼츠만 상수 k=1.380649X10⁻²³[J/K]이며, 온도의 기본 단위인 켈빈 또한 변하지 않는 상수의 정의로부터 재정의되게 됩니다.

＋ 아보가드로 상수 NA, 전자기파의 간섭을 이용해 측정되다

한편 아보가드로의 상수 또한 아보가드로 본인이 명명한 이름이 아니랍니다. 원자론을 실험적으로 입증해 노벨상을 받은 과학자 '장

페랭'에 의해 1909년에 처음으로 사용되었습니다. 그렇다면 대체 어떻게 이번 제26차 국제도량형총회에서 아보가드로의 상수를 정의할 수 있는 걸까요? 질량을 정의하면서 사용한 키블 저울의 방법과는 사뭇 다른 방법인 XRCD를 이용하면 됩니다.

XRCD란 'X-Ray Crystal Density'의 약어로, **엑스선 단결정 밀도 측정 실험**을 의미하는 말입니다. 오늘날 우리는 아주 안정한 상태로 존재하는 ^{28}Si로'만' 이루어진 실리콘 주괴(금속을 한번 녹인 다음 주형에 흘려 넣어 굳힌 것)를 만들 수 있는 기술을 러시아를 통해 보유하고 있습니다. 이 실리콘 주괴를 아주 정밀하게 완벽에 가까운 구형으로 깎아내게 되면, 구형이라는 도형의 기하학적 특성상 매우 정밀하고도 정확하게 크기를 측정할 수 있습니다. 또한 표면에 어쩔 수 없이 발생하는 산화막의 부피를 최소화할 수 있다는 장점도 가지게 되죠. 레이저 빛을 이용해 실리콘 구의 부피를 재고, 엑스레이를 이용해 실리콘 원자 하나의 부피를 잰 뒤 그 둘을 나눈 값 $N_A = \dfrac{V_{si,mol}}{V_{si,atom}}$ 이 아보가드로의 상수로 측정되게 되는 것입니다. 그렇게 해서 정의되는 아보가드로 상수의 값은 **6.02214076X10^{23}[/mol]**로, 앞으로는 영원히 변하지 않을 이 값을 이용해 1mol을 표현하게 된 것입니다.

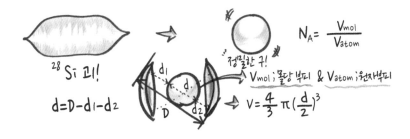

이제 마지막으로 전류의 단위인 암페어(A)를 정의하기 위해 사용

된 자연의 상수 'e'에 대해서 함께 들여다볼까요?

✚ 기본 전하 e, 암페어를 재정의하는 새로운 기준이 되다

e. 전자의 전하량을 나타내는 이 기본 상수는 말 그대로 'Elementary Charge'라는 기본 전하의 머리글자를 따서 그 기호가 만들어졌습니다. 전기적 실험장치가 날로 발전하던 19세기 후반 어느 날, 아일랜드의 물리학자 조지 스토니(George Johnstone Stoney)는 패러데이가 행했던 전기 분해 실험 결과로 나타나는 반응의 비가 매번 동일하게 발생하는 이유에 관해 연구하면서, 이 반응을 만들어주는 원인인 '전기'에는 아주 작은 최소 단위가 있다는 믿음을 갖게 됩니다. 그는 이러한 전하의 최소량을 '전자(일렉트론)'이라 부르기로 했습니다.

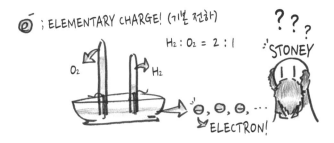

그런데 놀랍게도, 이러한 그의 믿음이 금세 현실이 됩니다. 전자의 존재가 최초로 실험적으로 입증되기 시작한 것은 1897년 J. J. 톰슨에 의해 행해진 음극선 실험으로부터였습니다. 톰슨은 음극선관이라고도 불리는 크룩스관을 이용한 실험을 통해, 최초로 전하를 띤 입자가 가지는 전하량과 질량의 비를 구해내게 됩니다. 이뿐만 아니라 그동안의 음극선관 실험을 바탕으로 톰슨은 '물질을 이루고 있는 기본 단위인 원자는 양전하가 골고루 분포되어 있는 공 안에 전자가 마치 푸딩의 건포도처럼 콕콕 박혀 있는 모습'이라고 주장하게 되면서, 기존에 돌턴의 원자설에서 한 걸음 더 나아갈 수 있는 발판을 제공하게 됩니다. 이 모형이 바로 원자 모델의 시작을 알리는 첫 모델, '톰슨의 건포도 푸딩 모델'인 것입니다.

✚ 전하가 양자화되어 있다고?

1910년, 미국의 실험 물리학자인 로버트 밀리컨은 집요한 실험 끝에 세계 최초로 전하량을 측정하는 데 성공합니다. 실린더 양 극판에 전압 차를 만들어 전기장을 걸어 놓은 공간에 전하를 띤 기름방울을 분사시켜서, 그 기름방울에 작용하는 중력과 부력, 그리고 전기력이 평행하도록 만듭니다. 쉽게 말해, 실린더 속에서 기름방울이 뜰 수 있게 합니다. 이렇게 만들어지는 힘의 평형을 통해 전하량을 측정할 수 있게 된 것입니다.

여기에서 한 걸음 더 나아가, 물체가 가질 수 있는 전하량은 반드시 정수배가 되어야만 한다는 결론까지 유도해내게 됩니다. 이를 좀 더 고급스러운 용어로 바꿔보자면, '전하'는 '양자화'되어 있다는 의미입니다.

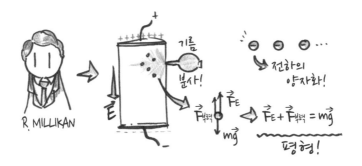

다시 말해 기본 전하 e란, 물질에 담길 수 있는 전하량의 기본 단위, 즉 **전자 1개 또는 양성자 1개가 가지고 있는 전하량**을 의미합니다. 새롭게 정의되는 **전류는 바로 이 전하가 1초당 얼마만큼 흐르는지를 파악하는 방법**으로 바뀌게 되는 것이랍니다!

여기서 또 궁금한 게 있습니다. 어떻게 1초당 전하가 흘러가는 걸 정확하게 알아낼 수 있을까요? 여기에도 총 세 가지 방법이 있을 수 있습니다. 가장 정확한 방법은 '**조셉슨 효과**'와 '**양자 홀 효과**'를 이용하는 방법입니다.

✛ 조셉슨 효과와 양자 홀 효과를 이용한 전류의 정의

kg의 정의에 필요한 실험 도구인 키블 저울에서 플랑크 상수를 끄집어낼 수 있었던 결정적인 이유는, 아주 미세하면서도 정확한 전압과 역시나 아주 미세하면서도 정밀한 저항을 측정할 수 있게 만들어준 핵심 아이디어, 조셉슨 효과와 양자 홀 효과 덕분입니다. 이 두 효과를 이용해 전압과 저항을 측정하기만 한다면, 우리는 **옴의 법칙**을 이용해 아주 정밀한 전류를 측정할 수 있게 됩니다.

이를 통해 측정한 기본 전하는 **e=1.6021766208X10^{-19}C입니다.** 역시나 이번 총회를 통해 고정된 값으로 탄생하게 되면서, 전류 또한 기본 전하라는 우리의 우주가 바뀌지 않는 한 변하지 않는 새로운 방법을 이용해 다시금 재탄생되게 됩니다.

✦ 이제 남은 일은 무엇일까?

이렇게 제26차 국제도량형총회를 통해 우리 인류는 두 번 다시 변하지 않을 절대적인 기준으로서의 단위를 새로 네 개나 거머쥐게 되었습니다. 변화를 거부하고 절대적인 기준으로 세워질 수 있을 만한 새로운 것을 쫓아, 결국 우리는 자연과 우주를 설명하는 불변의 존재들, 상수를 만나게 되었습니다.

하지만 여전히 우리에게는 숙제가 남아 있습니다. 우리를 움직이게 하고, 세상에 숨결을 불어넣는 존재, 그리고 누구에게나 동일하게 흐르는 것처럼 보이지만 실제로는 내가 어떤 공간 속에 존재하는가에 따라 기묘하게 변하는 존재! 바로 '시간'의 기준을 정하는 일 말입니다. 우리 인간은 이 변화무쌍하고 실체가 없는 것처럼 보이는 이 시간이라고 하는 존재를 나타내는 우주의 상수를 과연 찾아낼 수 있을까요? 그리고 그 상수를 찾아내기만 한다면, 시간 또한 불변의 상수를 이용해 영원히 변하지 않는 기준으로 표현하는 것이 가능해지게 되는 걸까요?

키블 저울은 어떻게 kg을 새로 정의할 수 있었을까?

어른들은 숫자를 좋아한다.
그분들은 '그 친구의 목소리는 어떠냐?
무슨 장난을 좋아하느냐?'
이렇게 묻는 일은 절대로 없고,
'나이가 몇이냐? 남매가 몇이냐?
몸무게는? 아버지가 얼마나 버느냐?'
같은 걸 묻는다. 그제야 그 친구를 아는 줄로 생각한다.
– 앙투안 드 생텍쥐페리, 『어린 왕자』

위의 글은 생텍쥐페리가 사하라 사막에서 겪은 경험에서 영감을 얻어 쓴 소설『어린 왕자』중에서 어른들의 특성을 화자인 아이의 시선을 통해 깊이 있게 묘사한 단락입니다. 소설가 생텍쥐페리는, 본질을 들여다보는 행위에 염증을 느끼고 필요한 정보만을 빠르게 얻어내려는 무감각하게 살아가는 어른들의 실용주의적 모습을 소설이라는 매력적인 도구의 힘을 빌려 우리에게 던져줍니다.

재밌는 것은, 소설에 묘사된 숫자를 좋아하는 우리들의 모습을 딱히 부인할 수 없다는 것입니다. 주가지수, 평균 수명, 출산율, 하다 못해 학업의 성취도까지 온갖 것들을 숫자라고 하는 척도를 이용해 측정하고 있죠.

이렇게만 이야기하면 숫자가 모든 악의 근원인 것 같은 느낌이 들기도 하는데, 사실 그렇지는 않습니다. 숫자를 통해 우리는 정형화할 수 없는, 즉 실체를 잡을 수 없을 것 같았던 개념들을 측정할 수 있게 된 것이니, 어찌 보면 '숫자'가 위대해서 측정하기 힘든 정보들마저 실용적으로 파악할 수 있게끔 해준 것이라고 할 수 있으니 말이죠.

그런데 여러분, 궁금하지 않나요? 언제부터 우리는 이렇게 수학적으로 나타나는 통계, 즉 숫자로 측정된 정보들을 '믿을 만한 지식'으로 여겼던 걸까요? 그 이면에는 바로 과학이 발달하는 과정 속에서 나타났던, '측정'이 가져다주는 **'정밀성'**에 있습니다.

✚ 측정의 중요성과 신뢰도의 관계는 천생연분!

과학이 본격적으로 발달하기 시작한 16세기 초부터 17세기 후반까지의 과학 혁명 기간은, 바로 이 '측정'에 관한 중요성이 본격적으로 두드러진 시기이기도 합니다. 이 당시 운동학의 기초를 닦았던 갈릴레오 갈릴레이도 물체가 어떻게 가속 운동을 하는지를 분명하게 하기 위해 자신의 맥을 짚어서 일정한 시간 간격을 만들어 이동하는 거리를 쟀으며, 세종대왕이 장영실 등을 독려해 개발한 측우기 역시 비가 얼마나 오는지에 관한 값인 '강수량'을 측정하려는 최초의 시도라는 점으로 볼 때, '측정'이라는 행위가 '과학'의 발달과 그 맥을 같이 한다는 걸 금방 알 수 있습니다.

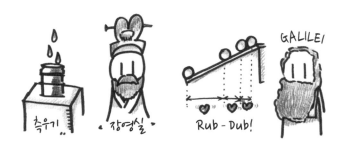

그렇다면 이렇게 중요한 '측정'이라는 행위를 다양한 과학 분야에서 효율적으로 이루어지게 만들기 위해서는 자연스레 측정에 필요한 기본 단위, 즉 '기준'을 필요로 하게 됩니다. 그리고 오늘날 자연스레 사용하고 있는 그러한 기준을, 우리는 'SI 기본 단위'라고 부르고 있습니다! 앞서 살펴보았듯, 총 일곱 가지로 구성된 SI 기본 단위들 가운데 이번 장에서는 특별히 kg, 질량을 새로 정의하게 된 아이디어인 '키블 저울'에 관해 집중적으로 들여다보겠습니다.

✛ 대체 키블 저울이 뭘까?

키블 저울은 영국의 과학자 브라이언 키블에 의해 1975년에 고안된 아주 특별한 저울입니다. 보통의 저울은 한쪽에 측정하고자 하는 물체를 두고 다른 한쪽에는 질량 추를 두어 수평이 되도록 조절해 질량을 측정하는 원리로 구성되어 있습니다. 그런데 이 키블 저울은 질량 추 대신 한쪽에 전자기 유도력을 이용해 균형을 조절하게끔 만들어졌습니다. 키블 저울이 구동되는 모드는 총 두 가지입니다. 하나는 전자기력과 중력을 평형으로 만드는 웨이닝(Weighing, 계량) 모드이고, 다른 하나는 웨이닝 모드의 단점을 보완해주기 위해 만든 무빙(Moving, 이동) 모드입니다.

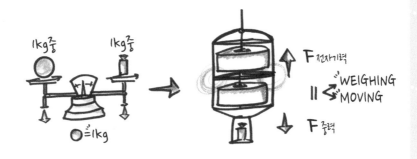

먼저 웨이닝 모드에 대해 알아볼까요? 키블 저울에 1kg의 원기를 달아 무게를 만들고, 영구자석을 설치한 뒤 전류를 흘려 전자기 유도력을 만들어 두 힘이 평형이 되도록 전류를 조절해줍니다. 이렇게 되면 중력에 의해 만들어지는 힘인 mg와 전자기력에 의해 유도된 힘 BLI가 같아지게 되어 mg=BLI로 방정식을 꾸릴 수 있게 됩니다.

하지만 여기에서 문제가 발생합니다. m은 원기를 갖다 놓는 것이니 문제없고, g도 이 실험이 이루어지는 지역의 정확한 g을 아주 정밀하게 미리 측정해놓았기 때문에 별다른 문제가 없습니다. 하지만 코일을 통과하는 자기장 B와 코일의 아주 정밀한 길이 L을 측정하는 일이 사실상 불가능하기 때문에 웨이닝 모드 하나만으로는 플랑크 상수를 얻어낼 수 없습니다. 그래서 등장한 것이 바로 두 번째 모드인 무빙 모드입니다.

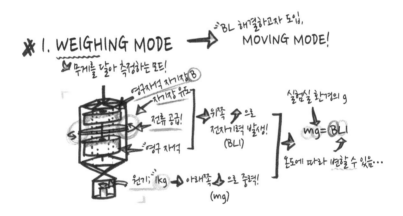

+ 웨이닝 모드의 단점을 극복하기 위한 무빙 모드

무빙 모드는 말 그대로 전자기 유도가 일어나는 바로 그 코일을 위아래로 움직인다고 해서 무빙 모드라고 일컬어지고 있습니다. 위 또는 아래로 '일정하게' 움직이는 코일은 유도기전력을 만들게 되는데,

그 기전력 V의 값은 V=(BL)v로 나타나게 됩니다. 여기서 코일을 통과하는 자기장 B 그리고 L 또한 이전과 완전히 동일한, 코일의 아주 정밀한 길이가 됩니다. 코일이 움직이는 속도 v만 알 수 있다면 기전력 V는 실험을 통해 정확하게 측정할 수 있죠.

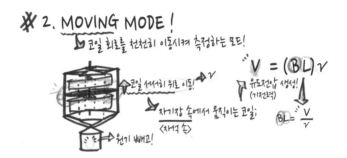

웨이닝 모드에서 만들어진 BL과 무빙 모드에서 만들어진 BL이 완전히 동일하기 때문에 무빙 모드의 BL값인 V/v를 대입해 양변을 정리하게 되면 VI=mgv라는 결과를 유도해낼 수 있습니다. 여기에서 VI는 전자기학에서의 일렉트리컬 파워(Electrical Power), 즉 전력을 나타내며 mgv는 역학에서의 매커니컬 파워(Mechanical Power), 즉 역학적 일률을 의미합니다. 양쪽이 다 파워(Power), 즉 일률을 나타내는 값으로 측정이 되기 때문에 키블 저울을 다른 말로 파워 저울이라고도 한답니다.

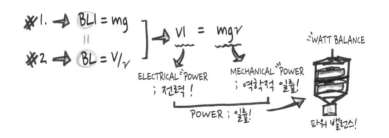

✚ 플랑크 상수를 꺼내기 위한 핵심 아이디어, 조셉슨 소자와 양자 홀 효과

이제 이 식을 이용해서 플랑크 상수를 유도해내면 되는데, 어디에서 플랑크 상수를 찾아볼 수 있을까요? 바로 전압과 전류로부터 튀어나온답니다. 전압을 아주 정밀하게 측정하기 위해서는 조셉슨 효과를 이용해야 합니다. 두 개의 초전도체를 가까이 두고 그 사이에 마이크로파를 방출시키면 두 초전도체 사이에 직류 전압이 발생하게 됩니다. 이러한 구조를 조셉슨 소자라고 부르는데요, 이 조셉슨 소자에서 발생하는 전압은 $V=hf/2e$만큼 발생합니다. 여기에서 조셉슨 소자를 얼마나 이어 붙이는가에 따라서 얼마든지 전압을 정확하게 측정할 수 있으며, 이것을 통해 플랑크 상수를 이용한 아주 정밀한 전압을 측정해낼 수 있는 것이지요.

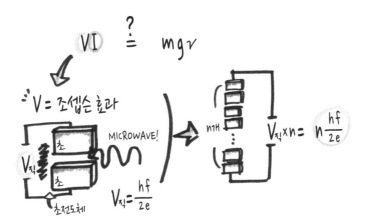

그렇다면 이제 전류를 해결하기만 한다면 모든 문제가 정리됩니다. 전류 I는 옴의 법칙에 의해 V/R로 표현될 수 있으며, 여기에서의 V 또한 조셉슨 소자로 구해낼 수 있죠. 문제는 R인데, 이 또한 양자

홀 효과라는 방법을 이용해 구해낼 수 있습니다. 여기에서는 결과식인 $\frac{1}{i} \cdot \frac{h}{e^2}$ 를 얻어낼 수 있습니다. 이 결과들을 앞선 VI=mgv의 식에 모두 대입한 뒤, 플랑크 상수 h에 대해 정리하면 $h = \frac{4}{\in^2} \cdot \frac{mgv}{f^2}$ 로 정리할 수 있습니다. 이를 통해 우리는 1kg의 원기로부터 얻어낼 수 있는 플랑크 상수 h의 값을 아주 정밀하고도 첨예하게 측정할 수 있는 것이랍니다.

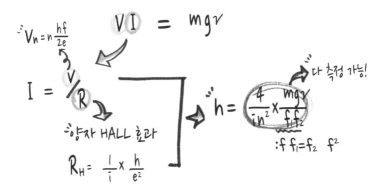

이렇게 얻어낸 플랑크 상수의 값을 이용해 다시 1kg을 재정의함으로써 변하지 않는 1kg을 얻어낼 수 있는 것입니다. 빛의 속도를 이용해 1m를 새로 정의했던 것처럼 말이에요.

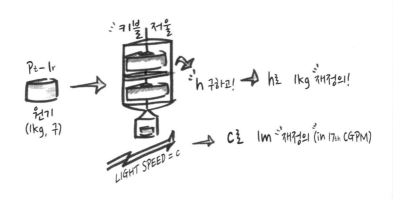

✚ kg의 재정의, 우리의 일상 속에서는 어떤 게 달라질까?

사실 우리의 일상 속에서 1kg을 플랑크 상수로 재정의한다고 해서 내 체중이 조금 더 줄어든다거나 하는 커다란 변화는 일어나지 않습니다. 그러나 이미 우리 일상 속에는 양자역학적 지식을 이용한 기술들을 상당히 많이 이용하고 있습니다. 스마트폰만 봐도 양자역학적 지식의 산물인 트랜지스터의 집적회로로 구성되어 있으니까요.

우리의 삶을 풍요롭게 만들 수 있는 응용과학의 밑바닥에 바로 이 '측정'과 같은 기초과학의 발전이 있었음을 생각해본다면, 이번에 이루어지는 kg의 재정의는 기초과학에서 가장 중요시하는 '측정'이라는 행위에 대한 신뢰도를 올려주는 계기가 될 것입니다. 이렇게 과학이 조금 더 성장할 수 있는 커다란 발판이 되어주었다는 것에 큰 의미가 있음을 기억해주세요!

이 책은 유튜브 '과학쿠키' 채널에 업로드된 콘텐츠들을 초기 계획에 맞게 부와 장별로 분류하고, 이와 관련한 부록을 넣어 구성했습니다. 1년 남짓한 시간 동안 업로드한 자료들을 모두 유기적으로 연결하면서, 필요한 부분은 좀 더 넣고 과하다 싶은 부분은 덜어내 전체 구성을 맥락 있게 가다듬고자 노력했습니다. 과학쿠키 채널을 운영하면서 언젠가는 내 이름을 내세운 책 한 권을 쓸 수 있지 않을까 하는 기대를 품고 있었는데, 감사하게도 그 꿈이 실현될 수 있는 순간이 찾아왔습니다.

저의 채널을 오랫동안 봐주신 구독자들이라면 다들 알고 계시겠지만, 과학쿠키는 '하늘은 왜 파란색으로 보이는 걸까?'라는 콘텐츠를 시작으로 만들어진 채널입니다. 어렸을 적 누구나 한 번쯤은 궁금해했을 만한 이 질문은, 매우 오묘한 빛의 속성을 얼핏이라도 알고 있다면 충분히 이해할 수 있는 개념입니다. 먼저, 우리가 빛을 어떻게 해서 인식할 수 있는지에 관한 지식이 필요하죠.

우리는 세상을 인식할 때 '가시광선' 영역의 전자기파를 이용합니다. 특별한 이유는 없습니다. 그냥 우리의 시신경이 '빛'의 영역에 반응하도록 설계되었기 때문이죠. 진화론적인 입장에서 보면 가시광선을 이용하는 것이 자신의 생명을 유지하고 보존하기 위해서, 즉 살아가기 위해서 자연스럽게 필요했고 그에 맞게 진화했다고 생각할 수 있습니다.

그래서 빛이 없는 공간에서 사냥하는 박쥐나 심해생물이 살아가는 방식, 방울뱀이 어두컴컴한 밤에 사냥감을 정확하게 찾아내는 방법, 곤충이 특별한 꽃에 더 끌리는 현상 등은 '인간'의 입장으로 봤을 때나 신기한 현상입니다. 이들이 이용하고 있는, 세상으로부터 정보를 얻어내는 다양한 방법들은 전부 그들에게 생존에 필요한 정보를 전달해줄 뿐입니다. 그러한 정보를 경험해보지 못한 우리들은 새로운 대상과 경험, 그리고 환경에 대해서 놀라울 정도로 상당한 호기심을 가지고 있고, 이 호기심은 때때로 두려움, 공포, 소름 끼침 등으로 나타나면서 개개인의 신체와 생명을 지켜왔습니다.

어찌 됐든 인간은 빛을 이용해 세상을 인지하고 살아갑니다. 빛이 우리의 눈으로 들어오지 않는다면, 우리는 아무것도 볼 수 없습니다. 아, 거꾸로 말했네요. 우리가 무언가를 본다는 행위는 빛이 우리 눈에 들어와 망막에 맺혀 그 정보가 뇌에서 구성되었다는 의미 그 자체일 테니, 빛이 없이는 본다는 행위를 이야기할 수조차 없을 듯합니다.

빛은 직진성이라는 매우 독특한 특징을 지니고 있습니다. 매질이 변하지 않는 한, 빛은 자신이 가고자 하는 방향으로만 나아갑니다. 그래서 우리는 레이저의 진행 경로를 볼 수 없습니다. 교과서나 영화 등에 소개되는 레이저는 진행 경로가 너무나 잘 보이지만, 실제 빛은 절대로 그렇게 볼 수 없습니다. 그럼에도 불구하고 무슨 일이 있어도 레이저의 경로를 보아야만 한다고 생각한다면, 드라이아이스 연기 등으로 레이저가 진행하는 경로 중간중간에 빛을 사방으로 흩뿌릴 수 있는 무언가를 뿌려놓으면 됩니다. 이를 우리는 '산란자'라고 부릅니다. 다시 말해, 빛은 이렇게 사방팔방으로 산란되고 있을 때 비로소 우리 눈으로 들어올 수 있다는 의미가 되는 것입니다. 당장 눈에 보이진 않아도, 우리가 살고 있는 세상은 정말 이루 말할 수 없이 빼곡하게 빛으로 가득 차 있습니다.

그렇다면 하늘이 파랗게 보이는 이유는 무엇일까요? 너무도 간단합니다. 하늘을 이루고 있는 무언가가, 파란색 영역의 빛을 산란시키기 때문에 파랗게 보이는 것입니다. 여기에서 궁금한 점은, '그렇다면 대체 어떻게 파란색의 빛만 그렇게 많이 산란되는가?'일 것입니다. 이를 설명하기 위해 빛을 연구하던 수많은 자연철학자가 다양한 방식을 통해 하늘이 파란색인 이유를 설명하고자 노력했습니다. 그러던 가운데 이 현상에 대해 아주 명쾌하고 깔끔하게 설명해줄 수 있는 패러다임이 등장하게 됩니다. 이 설명 체계가 바로 레일리에 의해 밝혀진 산란 현상인 '레일리 산란'입니다.

레일리 산란은 가시광선의 영역 파장보다도 더 작은 입자에 빛이 입사했을 때 일어나는 산란 현상입니다. 약 400nm인 파란색 영역으로부터 700nm인 붉은색 영역으로 이루어진 빛의 파장보다도 더 작은 입자이기 위해서는 아주 작은 분자량의 분자들로 이루어져야 합니다. 주로 산소나 질소 등이 이에 해당하는 분자로 볼 수 있으며, 사실 투명해 보이는 이들이 매우 두꺼운 대기층만큼 모이게 되면, 이렇게 레일리 산란의 효과가 나타날 수 있는 것이지요.

더욱 재미있는 것은 바로 이 레일리 산란의 특성 때문에, 석양이 지고 있는 노을 하늘이나 해가 막 떠오르고 있는 새벽녘의 하늘은 파란색이 아니라 붉은색을 띠고 있다는 사실입니다. 멀리 떨어져 있는 대기층에서 파란색 영역의 빛들은 대부분 산란되어 사라지고 남은 빛들은 자연스럽게 붉은색 영역의 빛이 가장 많이 남게 됩니다. 이 때문에 노을 하늘과 새벽녘의 하늘은 붉은빛을 띠고 있는 것이랍니다.

자연이 우리에게 보여주는 모든 현상에는 저마다 놀라운 원리들이 숨어 있습니다. 호기심을 가지고 바라보기 시작하면 사소하지만 이런저런 다양한 것들을 좀 더 많이 찾아볼 수 있습니다. 그런데 정말 놀라운 것은, 이 소소하고 작지만 아이러니하게도 꼭 알아야만 직성이 풀릴 것 같은 커다란 호기심들이, 과거에는 어느 위대한 과학자가 품었던 대단한 발견의 시작이 되는 호기심이었다는 점입니다. 그러니까 여러분이 떠올렸던 소소하지만 커다란 그 호기심들을 소중하게 여겨주세요. 그 호기심은 지금 우리가 살고 있는 세상을 설명하고자 했던 수많은 과학자가 품었던 그것처럼, 여러분의 가슴을 두근두근하게 만드는 멋진 발견의 기쁨으로 돌아오게 될 테니까요.

자연을 돌아보며 그 안에 숨겨진 비밀의 열쇠를 가지고 있는 보물창고를 찾아보세요. 그 보물창고가 탐나기 시작했다면, 축하합니다! 그건 여러분이 물리학을 조금씩 좋아하게 되었다는 뜻이기도 하니 말이에요. :)

과학을 쿠키처럼

1판 1쇄 찍은날 2019년 3월 12일
1판 7쇄 펴낸날 2021년 9월 8일

지은이 | 이효종
펴낸이 | 정종호
펴낸곳 | 청어람e

책임편집 | 김상기
마케팅 | 이주은
제작·관리 | 정수진
인쇄·제본 | (주)에스제이피앤비

등록 | 1998년 12월 8일 제22-1469호
주소 | 03908 서울 마포구 월드컵북로 375, 402호
이메일 | chungaram_e@naver.com
전화 | 02-3143-4006~8
팩스 | 02-3143-4003

ISBN 979-11-5871-101-6 03420

청어람e)) 는 미래세대와 함께하는 출판과 교육을 전문으로 하는 청어람미디어의 브랜드입니다.
어린이, 청소년 그리고 청년들이 현재를 돌보고 미래를 준비할 수 있도록 즐겁게 기획하고 실천합니다.